살육의
과학

살육의 과학

발행일	2025년 1월 31일		
지은이	지현진		
펴낸이	손형국		
펴낸곳	(주)북랩		
편집인	선일영	편집	김현아, 배진용, 김다빈, 김부경
디자인	이현수, 김민하, 임진형, 안유경	제작	박기성, 구성우, 이창영, 배상진
마케팅	김회란, 박진관		
출판등록	2004. 12. 1(제2012-000051호)		
주소	서울특별시 금천구 가산디지털 1로 168, 우림라이온스밸리 B동 B111호, B113~115호		
홈페이지	www.book.co.kr		
전화번호	(02)2026-5777	팩스	(02)3159-9637

ISBN   979-11-7224-466-8 03550 (종이책)   979-11-7224-467-5 05550 (전자책)

(주)북랩 성공출판의 파트너

북랩 홈페이지와 패밀리 사이트에서 다양한 출판 솔루션을 만나 보세요!

홈페이지 book.co.kr   •   **블로그** blog.naver.com/essaybook   •   **출판문의** text@book.co.kr

작가 연락처 문의 ▸ ask.book.co.kr

작가 연락처는 개인정보이므로 북랩에서 알려드릴 수 없습니다.

무기와 에너지의 과학적 연결고리

살육의 과학

지현진 지음

The Science of Killing

북랩

사랑하는 내 가족에게
이 책을 바칩니다

인류의 역사는 끊임없는 갈등과 투쟁으로 이어져 왔다. 그 중심에는 에너지가 존재한다. 인간 문명의 발전은 에너지가 이끌었다. 사람들은 에너지를 단순한 힘, 혹은 생활에 필요한 자원 정도로 생각할 것이다. 하지만 에너지는 그 이상으로 인류 역사에 큰 파동을 불러오는 근원이었다. 에너지는 전쟁의 승패를 결정짓는 핵심 요소였고 어떻게 활용하는지에 따라 역사는 새로운 국면을 맞이하곤 했다. 에너지를 잘 활용한 나라는 승리하고 성장했으며 그렇지 못한 나라는 패배와 쇠락을 겪었다. 이 책은 그런 에너지의 흐름을 보여주고 그 영향이 얼마나 지대했는지를 깊이 탐구하려는 여정이다.

나는 2018년에 《웨폰 사이언스》라는 책을 출판했다. 구상부터 출판까지 무려 6년이 걸렸던 그 책은 무기체계 속 과학 사실을 알아보고 연구한 기록물이었다. 이번 《살육의 과학》은 6개월 남짓 짧은 시간 동안 완성할 수 있었다. 작업 속도가 빨라진 이유는 내 연구 폭이 넓어진 것도 있겠지만, 무엇보다 ChatGPT 등장 때문이었다. 새로운 도구를 이용하자 필요한 자료를 찾고 다시 확인하는 데 걸리는 시간이 줄어들어 나는 오롯이 집필에만 몰두할 수 있었다. 단기간이었지만 앞선 책보다 내실은 더해졌고 완성도는 깊어졌다.

《웨폰 사이언스》가 무기체계에 대한 과학적 사실을 다루었다면 《살육의 과학》에서는 역사 속 무기들을 통찰하고 그 안에서 에너지가 차지한 역할을 고찰하자고 했다. 그렇다면 먼저 에너지가 무엇인지 정의해야 한다. 대표적으로 물리학에서 에너지는 '일할 수 있는 능력'이며 운동에너지, 화학에너지, 열에너지, 전기에너지 등으로 나뉜다. 인문학에서 에너지는 문명을 성장하게 만드는 어떤 힘으로, 인간 욕망의 대상이 되는 존재다. 어느 쪽이든 인간은 더 많은 에너지를 확보하고 효율적으로 활용하기 위해 끊임없이 노력해 왔다. 그러나 에너지는 쉽게 다룰 수 없다. 에너지 자체는 아무런 합의가 없더라도 누구의 손에 쥐어지는지에 따라 부정 혹은 긍정의 도구가 된다. 스티븐 핑커가 그의 저서에서 말한 것처럼 불은 문명을 말하는 중요한 요소이지만 동시에 전쟁과 폭력의 출발점에 있다. 특히 전쟁은 인류가 에너지를 극한까지 시험하는 무대가 된다. 에너지의 발견과 활용이 먼저인지, 전쟁이 먼저인지 구분하지 못할 만큼 에너지는 전쟁 속에서 탄생하고 시험하고 운용된다. 중세 시대의 칼과 활부터 총과 포, 레이저와 레일건, 그리고 현대의 AI까지 에너지는 전쟁 속에서 진화하고 새로운 갈등을 야기시켰다. 결국 무기의 발전 과정은 인간이 에너지를 다루고자 하는 욕망과 집념의 산물이다.

또 에너지는 전쟁의 전략, 전술, 그리고 국가의 정책과도 밀접한 관련이 있다. 중세 전투에서 지휘관은 병사의 생체에너지를 어떻게 효율적으로 배분할 것인지 고민했다면 현대 전투에서 중요한 것은 화석 연료와 전기, 핵에너지의 활용이다. 여기서 포인트는 집중과 선택이다. 과거에는 병력의 숫자와 무기의 위력 사이에서 에너지를 나누었다. 그에 비해 현대는 더 많은 영역(정보, 통신 기술, AI 기술)에 광대한 에너지를 공격적으로 투입한다. 에너지를 다루는 기술의 발전이 전쟁의 판도를 바꿔 놓은 것이다.

이렇게 발전한 에너지는 인간 문명 전반에 영향을 미쳤다. 과거 한 마을, 한 나라에서 다뤄지던 에너지가 어느새 거대한 토네이도처럼 지구 전체에 적용되는 시대다. 우리는 텔레비전이나 스마트폰에서 실시간으로 터지는 에너지의 막강한 힘을 본다. 기술의 발전은 지구 반대편에서 벌어지는 전쟁을 선명하게 전달하고 우리는 에너지로 데워진 따뜻한 집 안에서 에너지가 파괴와 살인의 도구라는 것을 확인한다. 아이러니가 아닐 수 없다.

역사 속에서 새로운 에너지원이 등장할 때마다 전쟁의 양상은 근본적으로 변화했다. 석기 시대의 단순한 도구에서 시작해 청동과 철을 가공하는 기술이 무기의 발전을 이끌었고, 화약과 총기류는 대규모 전투의 시대를 열었다. 이후 산업화와 함께 화석 연료가 전장의 판도를 바꾸었듯, 현대 사회는 또다시 새로운 국면에 접어들고 있다. 화석 연료의 고갈이 현실로 다가오면서 인류는 기존의 에너지원을 대체할 수 있는 새로운 자원을 모색하고 있다. 이는 전쟁의 양상을 근본적으로 뒤바꿀 수 있는 중요한 변화의 시점이기도 하다.

앞으로 인류는 어떤 에너지를 손에 쥐게 될 것인가? 그리고 그 에너지는 어떠한 새로운 갈등과 전투의 형태를 불러오게 될까? 이 책은 그런 변화의 흐름을 예견하며, 에너지가 우리의 미래를 어떻게 다시금 재편할지를 탐구하려 한다. 이제 에너지와 전쟁의 복잡한 관계를 탐구하는 여정을 시작하자. 이 책이 독자들에게 에너지와 전쟁의 본질을 깊이 이해하게 하고, 미래의 도전에 대해 새로운 관점을 제공할 수 있기를 바란다.

지현진

이 책은 글 작성과 아이디어 발전 과정에서 OpenAI의 ChatGPT를 도구로 활용하여 집필되었습니다.

차례

화석 연료와 내연기관

전기

핵에너지

수소

에너지

'살육'. 이 단어는 인류 역사 속에서 끊임없이 등장해왔다. 때로는 한 개인의 손에서, 때로는 거대한 군대의 발걸음 아래에서 세상을 바꿔 놓곤 했다. 그러나 살육은 단순한 잔혹함이 아니다. 이는 인간이 자신의 한계를 넘어 새로운 힘을 탐구하며 얻어낸 지식과 기술의 집합체다. 그리고 그 중심에는 언제나 에너지가 있었다.

역사 속 모든 전쟁은 에너지를 향한 갈망으로 귀결된다. 불을 지피고 화약을 다루며, 결국 원자의 분열까지 다다른 살육의 방식은 진화를 거듭해왔다. 왜 우리는 이토록 한꺼번에 많은 사람을 죽이는 방법에 집착해 왔을까? 이는 인간의 원초적 욕망과 에너지의 본질이 맞닿은 결과일 것이다. 이제 그 본질을 다시 파헤쳐 보려 한다.

에너지는 인간의 삶을 유지하는 중요한 개념이다. 이 개념은 오랜 시간에 걸쳐 과학적 사고의 발전과 함께 형성되었다. 고대 그리스 철학자들은 자연 현상에 대해 사색했으나, 오늘날 우리가 이해하는 에너지와는 다른 방식으로 접근했다. 아리스토텔레스(Aristotle, 기원전 384~322)는 운동의 원인과 결과를 논했지만, 에너지를 통합된 개념으로 인식하지는 못했다.

근대에 들어서면서 과학자들은 자연현상에 대한 이해를 심화하기 시작했다. 17세기 뉴턴(Isaac Newton, 1643~1727)은 운동 법칙을 정립하며 운동량 개념을 도입했지만, 여전히 에너지는 명확히 정의되지 않았다. 이후 라이프니츠(Gottfried Wilhelm Leibniz, 1646~1716)는 '활동력(vis viva)'이라는 개념을 발전시켜 에너지 개념의 기초를 마련했다. 19세기 초 영(Thomas Young, 1773~1829)이 '에너지'라는 용어를 처음 사용하면서 에너지가 명확하게 개념화되기 시작했다. 같은 시기 마이어(Julius Robert von Mayer, 1814~1878)와 헬름홀츠(Hermann von Helmholtz, 1821~1894)는 에너지 보존 법칙을 확립하며, 에너지가 생성되거나 소멸하지 않고 형태만 변환된다는 중요한 기반을 세웠다. 이러한 과정에서 열, 전기, 운동, 위치에너지 등 다양한 에너지가 서로 변환될 수 있다는 이해가 확립되었고, 줄(James Prescott Joule, 1818~1889)은 열에너지와 역학적 에너지 사이의 관계를 규명하며 에너지 개념을 통합하는 데 중요한 기여를 했다.

에너지는 물리학에서 '일할 수 있는 능력'으로 정의된다. '일'은 힘이 물체에 작용하여 그 물체를 이동시키는 과정에서 발생하며, 이는 힘과 이동 거리의 곱으로 계산된다. 열역학에서는 시스템이 외부와 에너지를 교환할 때 일이 발생하고, 전자기학에서는 전하가 전기장이나 자기장에서 이동할 때 일이 발생한다. 결국, '일'은 에너지를 전달하거나 변환하는 과정이며, 다양한 형태의 힘이 물체나 시스템에 작용하여 에너지를 전달하는 과정을 포함한다.

그렇다면 군대에서 '일'은 무엇인지 알아보자. 군대의 목적은 적

모든 무기의 근본은 에너지다. 무기는 에너지를 특정 방식으로 변환하거나 방출하여 파괴력을 발휘한다. 예를 들어 화약은 화학에너지를 폭발로 전환하고, 총알은 운동에너지로 목표를 타격한다. 심지어 단순한 도구나 자연현상도 에너지의 활용에 따라 살육의 도구가 될 수 있다. 에너지만 있으면 어떤 형태로든 무기를 만들 수 있다는 점에서, 에너지는 모든 무기의 본질이다. (출처: Image Generated using chatGPT with Dall-E)

을 굴복시키거나 제거하는 것이며, 이를 위해 살상과 파괴라는 일을 한다. 에너지는 '일할 수 있는 능력'이므로, 군대의 목적을 이루기 위해서는 반드시 에너지가 필요하다. 그렇다면, 군대에서만 사용할 수 있는, 혹은 전투에 특화된 에너지가 존재할까? 결론부터 말하자면, 살육 에너지는 존재하지 않는다. 에너지는 운동, 열, 화학, 전기 등 다양한 형태로 존재할 뿐, 특정한 목적을 위해서만 사

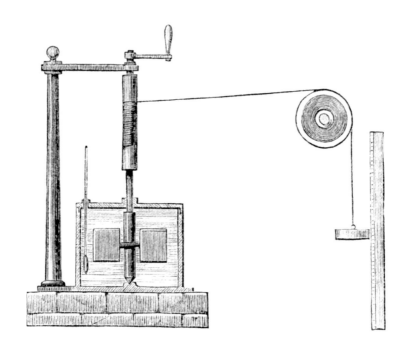

줄(Joule)이 설계한 실험 장치. 그림에서 오른쪽의 무게추는 중력에 의해 아래로 내려가며, 이 힘으로 왼쪽 통 안에 있는 교반기가 회전하게 된다. 교반기의 회전은 물의 온도를 상승시키며, 줄은 이 장치를 통해 역학적 에너지와 열에너지 간의 관계를 규명하였다. (출처: Public Domain, Wikimedia Commons)

용되는 에너지는 없다. 다만 인간은 어떠한 형태의 에너지가 되었든, 그 에너지를 사용하여 적의 의지를 꺾는 방법을 잘 알고 있다. 심지어 소리로도 사람에게 치명적인 영향을 줄 수 있다. 즉, 인간이 살상과 파괴를 위해 에너지를 사용한다면, 그 에너지가 곧 살육 에너지가 된다.

인류는 에너지를 발견하고 연구하며 이를 활용해 문명을 발전시켜 왔다. 에너지에 대한 중요한 발견이 이루어질 때마다 사회는 큰 변화를 겪었고, 변화의 속도도 빨라졌다. 그러나 에너지를 연구하

살육의 과학

다 보면, 인간이 단순히 사회 발전이나 삶의 질을 높이기 위해서만 에너지를 이용한 것이 아님을 알게 된다. 사실 인간은 자신의 욕망을 위해 또는 더 많은 권력과 지배력을 위해 에너지를 사용해왔다. 핑커(Steven Pinker, 1954~현재)는 그의 저서 '우리 본성의 선한 천사(The Better Angels of Our Nature)'에서 불의 사용이 문명에 긍정적인 영향을 미쳤지만, 동시에 전쟁과 폭력의 도구가 되기도 했다는 점을 지적했다. 불은 문명의 진보와 동시에 파괴의 수단이 되었으며, 이는 에너지의 양면성을 보여준다. 목적을 위해서라면 운동에너지, 열에너지, 화학에너지, 전기에너지 등 모든 형태의 에너지가 살육에 사용되었다. 결과적으로 인간은 에너지를 발견하고 연구하여 삶의 질을 향상시키는 것과 동시에 삶을 파괴하고 목숨을 앗아가는 기술을 발전시켜 왔던 것이다.

살육의 근본: 에너지

중세 전투와 근대 전투의 사망자 규모를 비교하면 에너지와 살육의 관계를 이해하기 쉽다. 먼저 중세 시대의 대표적인 전쟁인 100년 전쟁을 살펴보자. 100년 전쟁은 잉글랜드와 프랑스 사이에서 발생한 일련의 군사적 충돌로, 주된 원인은 두 나라의 왕위 계승 문제와 영토 분쟁이었다. 전쟁은 1337년에 시작되어 1453년에 끝났으며, 실제로는 116년 동안 이어졌다. 1328년, 프랑스의 샤를 4세(Charles IV, 1294~1328)가 후계자 없이 사망하자, 잉글랜드의 에드워드 3세(Edward III, 1312~1377)는 프랑스 왕위에 대한 권리를 주장했

아쟁쿠르 전쟁은 백년전쟁 중 1415년 영국 헨리 5세가 프랑스군을 아쟁쿠르에서 대패시킨
전투로, 영국의 활약과 장궁병의 전술적 우위가 돋보인 전투다. 중세 시대의 전투는 생체에
너지에 기반해 진행되었기 때문에, 현대 전투와 달리 단기간에 대규모 사상자가 발생하지 않
았다. (출처: Public Domain, Wikimedia Commons)

다. 에드워드 3세는 프랑스의 필립 6세(Philip VI, 1293~1350)와 대립
하게 되었고, 이것이 전쟁의 시발점이었다.

　100년 전쟁은 크게 세 단계로 나눌 수 있다. 첫 번째 단계는 1337
년부터 1360년까지로, 잉글랜드가 크레시(Crécy) 전투와 푸아티에
(Poitiers) 전투에서 결정적인 승리를 거두고, 그 후 브레티니(Brétigny)
조약을 맺고 휴전 상태에 들어갔다. 두 번째 단계는 1369년부터
1389년까지로, 프랑스는 샤를 5세(Charles V, 1338~1380)의 지휘 아래
잉글랜드의 점령지를 되찾기 시작했다. 마지막 단계는 1415년부터

살육의 과학

1453년까지로, 잉글랜드 헨리 5세(Henry V, 1386~1422)가 아쟁쿠르(Agincourt) 전투에서 승리했으나, 잔 다르크(Joan of Arc, 1412~1431)의 등장으로 프랑스가 전세를 역전시키며 보르도(Bordeaux) 전투에서 최종 승리를 거두었다. 이 전쟁은 프랑스와 잉글랜드 양국의 정치적, 사회적 변화를 초래했고, 중세 유럽의 역사를 크게 바꾸었다. 프랑스는 중앙집권화된 강력한 국가로 발전했으며, 잉글랜드는 내전에 빠져들어 장미 전쟁을 겪었다. 100년 전쟁 동안의 정확한 사망자 수를 파악하기는 어렵지만, 역사적 기록에 따르면 약 200만~300만 명에 달하는 사람들이 목숨을 잃은 것으로 추정된다.

이제 근대 전투의 대표주자인 1차 세계대전과 2차 세계대전을 살펴보자. 1차 세계대전은 1914년 6월 28일 오스트리아-헝가리 제국의 황태자 프란츠 페르디난트(Franz Ferdinand, 1863~1914)가 암살당한 사건을 계기로, 그해 7월 28일 오스트리아-헝가리 제국이 세르비아에 선전포고하며 시작되었다. 이 사건을 계기로 독일, 오스트리아-헝가리, 오스만 제국 등으로 구성된 동맹국과, 영국, 프랑스, 러시아가 주도한 연합국이 충돌했다. 1차 세계대전은 참호전과 신기술의 도입으로 장기화되었으며, 수많은 인명 피해를 초래했다. 전쟁은 1918년 독일의 패배로 종결되었다. 이후 승리국들은 1919년에 베르사유 조약을 체결하여 독일에 막대한 배상금을 부과했고 그 후 유럽의 정치적 지형은 변화했다.

2차 세계대전은 1939년 9월 1일 독일이 폴란드를 침공하면서 시작되었다. 독일의 히틀러(Adolf Hitler, 1889~1945)는 나치당을 이끌며 침략적 팽창주의를 내세웠고 이탈리아와 일본이 그에게 힘을 실어주며 대규모 전쟁으로 번졌다. 주요 전선은 유럽과 태평양 지역에

2차 세계대전의 사진들. 총과 포 같은 강력한 살육 무기들이 차량, 항공기, 함정 등 다양한 이동 플랫폼과 결합하면서, 군인뿐만 아니라 민간인에게도 대규모의 사상자를 초래했다. (출처: Public Domain, Wikimedia Commons)

서 형성되었으며, 전쟁은 연합국(영국, 미국, 소련, 프랑스)과 추축국(독일, 이탈리아, 일본) 간의 대립으로 전개되었다. 나치 독일은 유대인과 다른 소수 민족에 대한 대량 학살을 자행했으며, 유럽은 물론 아시아 태평양 지역에서도 엄청난 인명 피해가 발생했다. 1945년 독일의 항복(5월 8일)과 일본의 항복(8월 15일)으로 전쟁은 끝났다. 전쟁의 종결은 유엔(UN)의 창설과 함께 새로운 국제 질서의 시작을 알렸으며, 냉전 시대의 개막으로 이어졌다. 1차 세계대전(1914~1918)

동안 군인과 민간인 약 1,500만~1,700만 명이 사망했으며, 2차 세계대전(1939~1945) 동안 약 7,000만~8,500만 명이 사망한 것으로 추정된다.

1차·2차 세계대전은 100년 전쟁과 비교하면 훨씬 짧은 시간 동안 벌어졌지만, 사망자 수는 더 많았다. 이렇게 큰 차이가 나는 이유는 무엇일까? 가장 큰 원인은 전쟁에 투입된 에너지의 양이 근본적으로 달랐기 때문이다. 중세 시대의 무기들은 주로 사람이나 동물의 힘을 이용하였다. 사람은 칼을 휘두르거나 활을 쏘아 적을 공격했고, 말을 타고 적진으로 돌진해 상대의 대형을 무너뜨렸다. 중세 전투에서 지휘관이 승리를 원한다면 상대보다 더 많은 병력이나 말을 동원해야 했고, 이는 결국 더 많은 생체에너지가 있어야 한다는 것을 의미한다. 그러나 중세 시대까지 지휘관이 전장에 투입할 수 있는 생체에너지는 한계가 있었다.

하지만 근대 전투는 에너지 투입의 양과 질에서부터 다르다. 과학기술의 발달로 인해, 인간은 단순한 생체에너지뿐만 아니라 화약이나 석유 같은 화학에너지를 전투에 사용하게 되었다. 총은 화약의 힘으로 총알을 빠르게 발사해 먼 거리에서도 치명적인 공격을 하도록 했고, 대포와 같은 중화기는 강력한 폭발로 성벽이나 참호를 부수며 수많은 병사를 한꺼번에 해치웠다. 석유와 내연기관의 등장으로 병력과 무기를 빠르게 전선으로 이동할 수 있었고, 전투의 범위는 공중, 해상, 수중까지 확장되었다. 대장간에서 소량으로 생산하던 살상 무기가 이제는 공장에서 대규모로 생산되어 전장에 투입되었다. 이처럼 근대 전투는 더 많은 에너지가 투입되었고, 그에 따라 사망자 수도 중세와 비교할 수 없을 만큼 증가했다.

2차 세계대전 당시 일본 히로시마와 나가사키에 투하된 핵폭탄과 그로 인해 형성된 버섯구름. 기존의 무기와는 달리, 막대한 에너지를 가진 핵폭탄은 단 한 발로도 대도시를 완전히 파괴할 수 있음을 보여주었다. (출처: Public Domain, Wikimedia Commons)

　시간에 따라 에너지 투입량은 지속적으로 늘어났다. 2차 세계대전에서 미국이 사용한 핵무기는 기존 무기들과는 차원이 다른 에너지를 발휘했다. 일반적인 연소반응은 원자 간 화학 결합, 특히 전자껍질에서 전자가 이동하거나 재배열되면서 에너지가 발생하는데, 그 에너지는 연료 1몰(mole)당 수백 킬로줄에 불과하다. 반면, 핵에너지는 원자핵의 강한 상호작용으로 발생하는데, 연소 반응보다 훨씬 많은 에너지를 방출한다. 1945년 8월, 2차 세계대전 막바지에 미국이 일본의 히로시마와 나가사키에 투하한 두 발의 핵폭탄은 그 위력을 명확히 보여주었다.

　흥미롭게도, 에너지를 다루는 과학기술이 발전함에 따라 전투는 점점 더 치명적이고 파괴적인 양상을 띠게 된다. 통신 장치의 발달은 지휘관이 명령을 더 빠르고 정확하게 전달하게 함으로써 전투

　　　　　　　　　　　　　　　　　　　　살육의 과학

에서 에너지의 효율적 분배와 집중이 가능해졌고, 이는 전투의 파괴력을 더욱 높였다. 따라서 무기와 에너지, 나아가 살육과 에너지의 관계를 이해하는 것은 역사를 파악하고 미래를 예측하는 데 필수적이다.

에너지 게임: 전투

많은 사람은 '전쟁'과 '전투'가 어떤 차이가 있는지 정확히 알지 못한다. 하지만 두 단어는 상황에 따라 반드시 구분하여 사용해야 한다. 전쟁(戰爭, War)은 국가나 정치 집단 사이에 발생하는 무력 충돌로, 대규모 군사적 행위를 포함한다. 보통 전쟁은 정치적, 경제적, 사회적 갈등을 해결하기 위해 행해진다. 반면 전투(戰鬪, Battle)는 전쟁의 일부로서, 적대적인 두 세력 간의 직접적인 군사적 충돌을 의미한다. 이는 비교적 짧은 기간 동안 특정 장소에서 벌어지며, 전술적인 목적을 가지고 진행된다. 따라서 전쟁은 대통령과 같은 정치가의 역할이 중요하지만, 전투는 지휘관의 역할이 중요하다.

두 단어의 차이를 명확히 이해하면, '전투에서 이겼지만, 전쟁에서 졌다'라는 표현의 의미가 더욱 분명해진다. 이 말은 전쟁이 여러 전투로 구성되어 있으며, 개별 전투의 승패가 전체 전쟁의 승패를 결정하지 않는다는 것을 의미한다. 역사적으로 전쟁과 전투의 차이를 잘 보여주는 예가 있는데, 바로 베트남 전쟁이다. 미국은 주요 전투에서 승리했지만, 최종적으로 전쟁에 패배하고 베트남에서 철수했다. 마찬가지로 100년 전쟁에서 잉글랜드는 크레시 전투와 아

베트남 전쟁(1955~1975) 당시 UH-1 헬기와 함께 전장을 누비는 미군의 모습. 미국은 전투에서 이겼지만, 전쟁에서 졌다. 미국은 많은 전투에서 월등한 군사력으로 승리했으나, 게릴라전과 같은 베트콩의 유연한 전술, 베트남의 열악한 지형, 그리고 현지 민심의 복잡한 상황 속에서 전쟁의 근본적인 목적이었던 남베트남의 안정화와 공산주의 확산 저지를 달성하지 못했다. 결국, 미국은 1973년 파리 평화 협정을 통해 철군을 결정하고, 1975년 북베트남이 남베트남을 점령하며 전쟁은 북베트남의 승리로 끝났다. (출처: Public Domain, Wikimedia Commons)

쟁쿠르 전투와 같은 주요 전투에서 승리를 거두었으나, 전쟁에서는 프랑스에 패배하였다. 이처럼 전쟁과 전투는 서로 다른 개념이지만, 그렇다고 완전히 독립적인 것은 아니다. 일반적으로 전투에서 승리를 거듭하면 전쟁에서 승리할 가능성도 높아진다. 따라서 지휘관과 군대는 평소 전투 승리를 목표로 지속적인 훈련을 시행한다.

우리는 에너지 관점에서 '전쟁'과 '전투' 차이를 생각해 볼 필요가 있다. 에너지는 전쟁과 전투, 모두와 깊은 연관이 있지만, 전쟁보다는 전투와 더 밀접한 관계가 있다. 왜냐하면, 전투에서 에너지를 더 직접적이고 즉각적으로 소비하기 때문이다. 전투는 단기적이고 집중적인 군사 충돌로, 병력 투입 및 이동, 무기 사용, 장비 작동 등에서 에너지가 필요하다. 이에 반해 전쟁에서는 전투뿐만 아니라 장기적인 전략, 자원 관리, 물자 지원, 정치 활동 등 여러 요소가 결합한다. 따라서 에너지 투입량은 전쟁에서 승리하는 유일한 요소가 아니다. 일례로 고려 시대 서희(徐熙, 942~998)는 '세 치의 혀'를 이용해 전쟁을 피하고 나라의 이익을 지켰다. 그는 외교 능력으로 거란(요나라)과의 갈등을 평화적으로 해결하고, 고려의 국토를 확장했다. 즉, 서희는 약 9.09cm(세 치 = 3.03cm×3)의 혀를 움직이는 적은 에너지를 사용하여 전쟁에서 승리했다.

전투는 다양한 형태의 에너지를 기반으로 한 고도의 집단 싸움이다. 병사 개개인을 하나의 생체에너지로 치환해 생각해보면 이 개념을 명확하게 이해할 수 있게 된다. 이것은 1999년 개봉한 영화 '매트릭스(Matrix)'에서 기계들이 인간을 일종의 '배터리'로 사용하는 것과 유사한 관점이며, 2018년 개봉작인 '레디 플레이어 원(Ready Player One)'에서 가상 현실 속 인간들이 에너지 일부로 활용되는 설정과도 유사하다. 이 관점에서 보면, 중세 전투는 아군과 적군 간 투입하는 에너지의 총량을 비교하는 것으로 설명된다. 다만, 단순히 에너지를 투입한 절대량만 비교하는 것이 아니라, 그 에너지를 얼마나 효율적으로 사용했는지도 중요하다. 예를 들어, 병사들의 생체에너지를 배분하고 모으는 전략이 전투 결과에 큰 영향을 미칠 수 있다.

사실, 에너지의 효율적 사용은 이미 수많은 전략 시뮬레이션 게임에서 중요한 요소로 자리 잡고 있다. 예를 들어, 미국의 블리자드(Blizzard)사가 1998년에 출시한 게임 스타크래프트(StarCraft)에서는

영화 매트릭스에서는 기계들이 인간을 일종의 에너지원, 즉 배터리로 활용하는 설정이 등장한다. 인간의 신체가 생리 작용을 통해 열과 전기를 생성하기 때문에, 기계들은 이를 효율적으로 수집하여 동력으로 사용하는 것이다. 이를 위해 인간들은 인공 자궁 같은 캡슐에 갇혀 있으며, 현실 세계 대신 가상 현실인 매트릭스를 통해 의식을 유지한다. 이는 에너지 자원의 개념을 극단적으로 재해석한 흥미로운 SF적 상상력이다. (출처: Image Generated using chatGPT with Dall-E)

플레이어가 미네랄(mineral)과 가스(gas) 자원을 신속히 채취하고, 이를 기반으로 전황에 적합한 유닛을 생산하며 효과적으로 운용해야 승리할 수 있도록 설계되어 있다. 스타크래프트는 우리나라에서 PC방의 등장과 함께 폭발적인 인기를 끌었다. 1999년부터 시작된 스타리그(StarLeague)는 수많은 프로게이머가 테란(Terran), 프로토스

살육의 과학

(Protoss), 저그(Zerg) 종족으로 다양한 전략을 선보이는 장이 되었다. 스타크래프트에 조금이라도 관심 있는 사람에게 게임 승리 공식을 물어본다면, 대부분 '물량'이라고 답할 것이다. 그만큼 대량의 유닛을 빠르게 생산해 상대방을 압도하는 전략이 중요하다. 당시 프로게이머들은 최대한 빨리 많은 유닛을 뽑기 위해 손이 보이지 않을 정도로 빠르게 키보드와 마우스를 조작했다.

그러나 '물량' 전략을 뛰어넘는 독창적이고 혁신적인 방법으로 승리를 거둔 게이머들도 있었다. 대표적인 인물이 바로 임요환이다. 임요환이 스타크래프트의 황제로 불리는 이유는 상대방의 물량 전략에 단순히 물량으로 맞서지 않고, 자신만의 창의적인 전술을 구사해 승리를 가져왔기 때문이다. 그는 적의 가장 약한 부분을 찾아 드랍쉽(dropship)으로 마린(marine)과 메딕(medic)을 투입하여 에너지(미네랄, 가스) 생산 능력을 차단하는 전략으로 시청자들의 가슴을 뛰게 했다. 특히, 임요환이 사용한 드랍쉽 전략은 2차 세계대전의 노르망디(Normandy) 상륙작전을 떠올리게 하며 전투의 판도를 뒤집는 중요한 역할을 했다.

하지만 임요환처럼 독창적인 전략을 구사하는 선수는 드물다. 실제 전투에서도 마찬가지다. 각국은 전투의 승리를 위해 뛰어난 지휘관을 양성하려고 노력하지만, 조선시대 이순신(李舜臣, 1545~1598)처럼 전술적으로 탁월한 지휘관은 많지 않다. 이런 현실 때문에 전투에서 승리하려면 기본적으로 충분한 자원, 즉 에너지 투입이 필수적이다. 지휘관의 능력이 부족하더라도 충분한 에너지를 투입하면 전투 승리 가능성은 커진다.

그러면 전투와 에너지 관점에서 1차, 2차 세계대전 당시 독일의

2차 세계대전 당시 빠르게 전장을 누비는 독일 전차와 기계화 보병. 독일의 전격전 (Blitzkrieg) 전략은 전투 에너지를 짧은 시간에 집중적으로 투입해 적을 압도하는 방식이었다. 이 전략은 기동력과 속도를 극대화해 적의 방어선을 단숨에 돌파하며 전쟁 초기 독일군의 성공을 이끌었다. (출처: Public Domain, Wikimedia Commons)

상황을 다시 생각해보자. 1차 세계대전 이후 독일은 베르사유 조약으로 군사력이 약화되고 경제적으로 큰 타격을 입었다. 베르사유 조약은 독일에 막대한 배상금 지급, 군사력 제한, 영토 상실 등의 조건을 부과하여 국가 재건을 어렵게 만들었다. 그러나 히틀러가 정권을 잡으면서 독일은 군사력을 은밀히 재건하고 전쟁을 철저히 준비했다. 히틀러는 군수 산업 활성화를 통해 재무장을 추진하고, 새로운 전쟁 전략을 개발하기 시작했다. 특히, '전격전(Blitzkrieg)'이라는 빠르고 강력한 기동전술을 통해 적의 방어선을 신속히 돌파하고 혼란을 유발하는 전략을 구상했다. 독일의 전쟁 준비는 단순한 무기 생산에 그치지 않았다. 인프라 확충, 교통망 개선, 과학기술 연구 등 다양한 분야에서 전쟁을 위한 준비가 이루어졌으며, 이러한 노력은 독일의 전쟁 능력을 크게 향상시켰다. 히틀러는 사회적, 정치적 통합을 강화하고, 대중의 지지를 끌어내기 위해 라디오 방송, 대규모 집회, 포스터와 같은 강력한 선전 활동을 벌였다. 독

살육의 과학

일 국민은 경제 회복과 국가 재건의 희망 속에서 군사적 강화를 지지했다. 이렇게 축적된 에너지의 결과는 2차 세계대전 발발이었다.

1939년 9월 1일, 독일은 폴란드를 침공하면서 2차 세계대전을 시작했다. 독일의 전격전 전략은 그동안 모아온 에너지를 폭발적으로 사용하여 빠르게 전투를 진행하는 방식이었다. 이 전략은 기갑부대와 항공력을 집중적으로 활용해 적의 방어선을 단시간에 돌파하는 것을 목표로 했다. 이 전략은 초기에 큰 성공을 거둬 폴란드, 프랑스, 네덜란드, 벨기에 등 유럽 여러 나라가 빠르게 점령되었다. 그러나 독일이 힘겹게 준비했던 에너지도 시간이 흐르면서 서서히 소진되기 시작했다. 전선이 확장되었고, 소련과의 전쟁에서 예상보다 오랜 시간 동안 전투가 이어지면서 에너지 보급에 어려움을 겪었다. 결국, 전쟁 초기 풍부한 에너지로 상대국을 압도하던 독일은 전쟁 후반으로 갈수록 부족한 에너지 탓에 패배의 길을 걷게 되었다.

독일의 예에서도 알 수 있듯이, 전투의 가장 기본적인 요소는 에너지 투입이다. 에너지가 부족하면 아무리 훌륭한 지휘관이 많다하더라도 전투에서 질 수밖에 없다. 여러 전투에서 지면, 결국 전쟁에서 패배하는 것은 시간문제일 뿐이다. 병사의 체력, 무기와 장비를 가동하기 위한 연료, 보급품을 운반하는 수송까지 모두 전쟁의 승패를 가늠하는 에너지다. 이러한 에너지가 충분히 공급되지 않으면 군대는 효율적으로 싸울 수 없고, 전투의 주도권을 잃게 된다. 결국, 전쟁에서 승리하기 위해서는 전술이나 전략만큼이나 안정적이고 지속적인 에너지 공급이 필수적이다.

전투를 위한 도구: 무기

앞선 챕터에서 전투와 에너지의 관계를 살펴보았다. 전투는 에너지의 충돌로 이루어진다. 그렇다면 전투 시 사용하는 '무기'는 에너지 관점에서 어떻게 이해해야 할까? 결론부터 말하자면, 무기는 에너지를 사용하여 사용자가 의도하는 방법대로 살상과 파괴를 실행하도록 만들어진 도구이다.

그렇다면 태권도, 유도, 주짓수 같은 무술도 무기라고 생각해야 할까? '도구'는 특정 작업이나 목표 달성을 위해 사용하는 물건을 의미하므로, 무술 자체는 무기가 아니다. 무술은 생체에너지를 최적화하여 상대를 제압하는 기술에 가깝다. 예를 들어, 무술 수련자는 몸의 균형과 힘의 흐름을 최적화해 상대의 움직임을 제압한다. 그러나 아무리 무술에 능숙해도 칼이나 총과 같은 무기를 든 상대 앞에서는 불리하다. 무기는 기술이 아니라 공격의 효과를 극대화하는 도구이기 때문이다. 도구를 사용하면 힘을 증폭하거나 에너지를 한 곳으로 집중할 수 있다. 그래서 무기는 병사가 전투에 참여하기 위해 반드시 갖춰야 할 중요한 장비이다.

그렇다면 '성능이 뛰어난 무기'란 무엇일까? 고성능의 무기는 단한 번의 공격으로 목적을 달성하고, 상대에게 심리적, 전술적, 물리적 효과를 줄 수 있어야 한다. 이를 위해 많은 양의 에너지를 저장하고 필요할 때 순간적으로 방출하는 능력이 핵심이다. 위의 문장을 이해하기 위해서는 '에너지 방출' 개념을 알아야 한다. 쉽게 말해, '에너지 방출'은 물병에 담긴 물이 밖으로 쏟아지는 것처럼 무기에 저장된 에너지가 필요한 순간에 배출하는 것을 의미한다. 큰 물

에너지와 출력은 물통에서 흐르는 물로 비유할 수 있다. 물통의 크기는 에너지 저장량을, 물통에서 쏟아지는 물의 유량은 출력을 나타낸다. 무기에서는 에너지 저장량도 중요하지만, 출력이 더욱 중요하다. 즉, 물통에 담긴 물이 한 번에 강하게 쏟아져야 무기로서 발휘하는 효과를 극대화할 수 있다. (출처: Image Generated using chatGPT with Dall-E)

병은 많은 양의 물을 저장할 수 있다. 하지만 주둥이가 좁으면 물은 천천히 나온다. 반대로 주둥이가 넓으면 물은 빠르게 쏟아진다. 물이 빠르게 쏟아지면 물체를 이동시키거나 변형시킬 수 있다. 무기도 저장된 에너지를 상황에 따라 빠르게 방출해야 전투 목적을 달성할 수 있다. 중요한 것은 에너지를 얼마나 빠르게 방출하는지, 즉 '출력'에 달려 있다.

에너지는 '물병의 부피'처럼 저장된 양을 나타내지만, 출력은 '물배출량'처럼 에너지가 사용되는 속도를 의미한다. 손에 천천히 떨어지는 물은 아무리 오랜 시간이 지나더라도 손에 큰 영향을 미치지 않는다. 이에 반해 짧은 시간에 많은 양의 물이 떨어지면 손이 아프거나 뒤로 밀린다. 이처럼 목적을 효과적으로 달성하기 위해서는 에너지의 양보다는 출력이 중요하다. 즉, '짧은 시간 안에 얼마나 많은 에너지를 방출하는가'가 무기의 효과를 크게 좌우한다. 결론적으로 좋은 무기란 단시간 내에 에너지를 집중적으로 방출해 목표를 제압하거나 무력화할 수 있어야 한다.

물리학에서 출력은 단위 시간당 전달되거나 사용되는 에너지의 양을 말한다. 출력의 단위로는 주로 W(watt)와 마력(horsepower)이 사용된다. W는 1초 동안 1J(joule)의 에너지를 전달하거나 변환하는 것을 의미한다. J은 에너지 또는 일의 단위로, 1J은 1N(newton)의 힘으로 물체를 1m 이동시키는 데 필요한 에너지이다. 한편, 마력은 주로 기계나 자동차 엔진의 성능을 나타내며, 1마력은 약 746W에 해당한다. 이러한 단위들은 출력을 정량적으로 표현하는 데 사용된다.

무기의 성능에 있어 출력이 왜 중요한지 이해하기 위해 간단한 예를 들어보자. 테이블 위에 두 물체가 놓여 있다고 생각해보자. 하나는 시중에서 판매하는 초코칩이고, 다른 하나는 C-4[1] 고폭화약이다. 두 물체의 무게는 각각 20g으로 동일하다. 초코칩의 포장지 뒷면을 보면 열량(에너지)이 표시되어 있다. 20g 한 봉지에 담긴 초코칩의 열량은 약 102kcal, 즉 427kJ 정도다. 이제 C-4 폭탄의 에

---

1) C-4라는 이름은 Composition C 계열의 네 번째 버전이라는 의미에서 유래했다. Composition C는 2차 세계대전 동안 개발된 폭약 계열로, 여러 버전이 개발되었으며, 성능과 안정성이 개선된 네 번째 버전인 C4가 최종적으로 널리 사용되게 되었다. 주성분은 RDX(Research Department Explosive)이며, 가공성이 뛰어나며 안정적이고 높은 폭발력을 가진다.

초코칩(좌)과 C-4 고폭화약(우). 동일한 무게로 비교하면, C-4는 초코칩보다 에너지 총량은 적지만, 이를 순간적으로 방출하는 출력에서 압도적으로 뛰어나다. 초코칩은 천천히 소화되어 열량으로 사용되지만, C-4는 순간적인 폭발로 치명적인 살상력을 발휘한다. 이 차이가 무기로서의 활용 가능성을 결정짓는다. (출처: Public Domain, Wikimedia Commons)

너지양을 계산해 보자. C-4 고폭화약의 에너지양은 대략 1g당 5,440J이다. 이를 기준으로 계산하면, 20g의 C-4는 약 108.8kJ의 에너지를 가진다. 단순히 에너지양만 비교하면 초코칩의 에너지가 C-4보다 약 4배 더 많다. 하지만 초코칩으로는 사람을 죽일 수 없는 반면, C-4는 치명적인 살상력을 가진다. 이 차이는 바로 출력의 차이에서 비롯된다.

초코칩을 불에 태우면 오랜 시간 동안 서서히 연소한다. 하지만 C-4 폭탄은 폭발하는 데 걸리는 시간이 극히 짧다. C-4의 양에 따라 다를 수 있지만, 여기에서는 연소 시간이 약 0.001초라고 가정해보자. 108.8kJ의 에너지가 0.001초 만에 방출된다면, 출력은 무려 108.8MW(메가와트)에 달한다. 이는 초코칩과 비교할 수 없을 정도로 엄청난 출력이다.

결론적으로, 출력은 단순히 에너지양만으로 설명할 수 없는 중요한 개념이다. 초코칩처럼 서서히 에너지를 방출하는 물질은 상대적으로 무해하지만, C-4처럼 짧은 시간 안에 막대한 에너지를 방출하는 물질은 강력한 파괴력을 지닌다. 이처럼 출력의 차이는 에너지의 활용 방식과 효과를 결정짓는 핵심 요소다. 무기는 에너지를 빠르게 발산할 수 있어야 전장에서 효과적인 '살육 도구'로 평가받는다.

전투 승리의 조건: 에너지, 지휘관, 성능이 뛰어난 도구

지금까지의 내용으로 전투의 승리 조건을 생각해보자. 전투에서 승리하기 위해서는 세 가지 핵심 조건이 서로 긴밀히 연관되어 있다. 첫째, 전장에서 사용할 에너지를 상대보다 더 많이 확보하는 것이 중요하다. 에너지는 전투의 핵심 자원으로, 전투를 지속하고 승리를 이루는 원동력이 된다. 둘째, 확보한 에너지는 최적의 시점과 장소에 효과적으로 배분하거나 집중해 사용해야 한다. 마지막으로, 에너지를 활용할 때는 상대보다 더 뛰어난 무기를 선택해 운용해야 한다.

먼저, 전투 승리의 첫 번째 조건인 에너지 총량에 대해 논의해 보자. 전투에 투입되는 에너지 총량은 표면적으로 보이는 값들로만 계산할 수 없다. 전투는 생산된 에너지를 투입하고, 이동하고, 소모하는 과정의 연속이다. 이러한 에너지 흐름이 끊어지지 않으려면 경제력이 필수다. 경제력이 높으면 에너지 접근성 및 유동성이 높아져 군사력 유지와 보급이 원활해진다. 예를 들어, 경제력이 높은

전투에 승리하기 위해서는 '에너지'가 많아야 하고, '지휘관'은 그 에너지를 잘 배분하거나 집중해야 하고, 그 에너지를 효과적으로 발산할 수 있는 '살육 도구(무기)'가 필요하다. (출처: Image Generated using chatGPT with Dall-E)

국가는 안정적인 연료 공급 계약을 맺거나 전략적 비축을 통해 위기 상황에서도 에너지를 확보할 수 있다. 또한, 보급선 확보를 위한 물류 인프라를 발전시켜 신속하고 효율적인 에너지 전달이 가능하다. 경제력은 단순히 병력의 숫자를 늘리기 위한 자원뿐만 아니라, 무기 개발과 유지보수, 병력의 훈련에 필요한 자원과 에너지를 모두 포함한다. 2차 세계대전 당시, 미국은 세계적인 경제 대국으로서 막대한 자원을 전쟁에 투입하여 대규모 군사 장비를 생산했고 따라서 장기간 전쟁에도 물자를 안정적으로 공급할 수 있었다. 이처럼 경제적으로 튼튼한 국가는 충분한 자금을 바탕으로 에너지를 확보하고 이를 전쟁에 투입하여 승리의 조건을 충족시킨다.

두 번째 조건인 에너지 배분 또는 집중은 전장의 지휘관이 중요한 역할을 맡는다. 아무리 많은 에너지가 준비되더라도 제대로 사용하지 않으면 에너지 투입 효과가 떨어져 전투에서 승리하기 어렵다. 지휘관이 에너지를 배분하거나 집중하려면 전장의 상황을 정확히 분석하고, 그 상황에 맞게 병력과 자원을 배치하는 역량이 필요하다. 구체적으로 지휘관은 적의 공격이나 방어를 예상하고, 전술적으로 유리한 시간과 위치에 아군의 병력과 자원을 배치하여 상황에 따라 에너지 투입 정도를 신속하게 결정해야 한다. 예를 들어, 이순신은 한산도 대첩에서 지형적 이점을 활용해 왜군을 포위한 뒤 공격했고, 나폴레옹(Napoleon Bonaparte, 1769~1821)은 아우스터리츠(Austerlitz) 전투에서 상대의 허점을 파악해 결정적인 타격을 가했다. 그들의 전략적 판단과 지휘 능력은 제한된 병력과 자원으로도 압도적인 승리를 가능케 했다.

마지막으로, 성능이 뛰어난 무기를 보유하는 것은 전투에서 승리하기 위한 핵심 조건이다. 역사적으로 무기의 성능이 전투의 승패를 좌우한 사례는 무수히 많다. 예를 들어, 러일전쟁(1904~1905) 중 쓰시마 해전에서 일본의 기함 미카사(Mikasa)는 최신식 화포와 강력한 장갑을 앞세워 러시아 발틱 함대를 격파하며 일본의 승리를 이끌었다. 2차 세계대전 당시 독일의 U-보트 잠수함은 은밀한 침투와 강력한 어뢰 공격을 통해 연합군의 해상 보급선을 효과적으로 파괴하며 전황에 중대한 영향을 미쳤다. 이뿐만 아니라 독일은 과학기술을 무기 개발에 적극 활용해 세계 최초의 장거리 탄도 미사일인 V-2 로켓과 제트 엔진 전투기인 Me 262를 선보였다. V-2 로켓은 장거리 목표를 정밀하게 타격할 수 있었고, Me 262는 기존 프로펠러 항공기를 압도하는 성능으로 연합군에 강력한 위협이 되었다. 과거 일본과 독일의 사례는 성능이 뛰어난 무기를 개발하기 위해 과학기술이 얼마나 중요한지를 잘 보여준다.

지금까지 언급한 세 가지 조건은 서로 독립적으로 작동하는 것이 아니라, 군대라는 하나의 체계 안에서 조화를 이루며 충족되어야 한다. 이러한 조건들은 단순히 군의 역량만으로 달성할 수 있는 것이 아니다. 이를 완전히 구현하려면 국가의 경제력, 지휘관의 뛰어난 역량, 그리고 과학기술의 발전이 유기적으로 결합하여야 한다.

생체에너지

지구상에서 싸움이 시작된 정확한 시기는 알 수 없지만, 인간이 지구에 정착하면서부터 작은 갈등과 충돌이 빈번했을 것이다. 국제 학술지 '네이처(Nature)'에 따르면, 케냐의 투르카나(Turkana) 지역에서 발견된 약 10,000년 전의 유골은 초기 인류 사이에 폭력적인 충돌이 있었음을 보여준다. 태초의 인간은 배고픔을 해결하기 위해 멧돼지나 사슴 같은 동물들과 싸워야 했고, 이후에는 자신의 생명을 지키기 위해 타인과 맞서 싸웠다.

　초기 인류의 싸움은 매우 단순했다. 주먹을 휘두르거나 발로 차는 등 신체를 활용한 원초적인 방식이 주를 이루었으며, 이는 동물 무리에서도 흔히 볼 수 있는 행동 양식이었다. 야생 늑대 무리가 먹이를 두고 서로 싸우는 모습에서 우리는 초기 인간 사회의 갈등을 유추할 수 있다.

　시간이 흐르고 문명이 발전하면서 인간은 도구를 사용하기 시작했다. 도구는 생활을 편리하게 만드는 데 그치지 않고 싸움의 방식에도 큰 변화를 불러왔다. 맨손 대신 도구를 활용함으로써 상대를 더 쉽게, 더 빠르게 제압할 수 있게 된 것이다. 예를 들어, 사냥에 사용되던 돌도끼나 나무창은 생존 도구를 넘어 공격과 방어의 무기로도 활용되었다.

지식의 축적과 도구의 발달로 잉여 재산이 생기고, 이로 인해 사유재산의 개념이 탄생했다. 사유재산의 등장은 자원을 둘러싼 갈등을 촉발하며 싸움과 충돌의 빈도를 높이는 주요 요인 중 하나가 되었다. 재산을 소유하고 지키려는 욕구가 커지면서 갈등은 단순한 생존을 위한 싸움에서 재산과 권력을 보호하려는 조직적이고 계획적인 전투로 발전했다. 인간은 생산력을 높이고 자신과 재산을 보호하기 위해 집단생활을 선택했으며, 이는 방어와 공격의 체계를 구축하게 했다.

초기에는 외부의 적으로부터 재산을 보호하기 위해 방어체계가 발전했고, 성곽과 같은 구조물이 등장하면서 방어의 중요성이 더욱 강조되었다. 방어체계와 자원의 체계적 관리가 요구되면서 국가라는 개념이 서서히 모습을 갖추기 시작했다. 성곽과 방어체계는 단순한 방어 수단을 넘어 중앙집권적 권력 구조를 형성하는 기반이 되었다.

이 시기에는 개인 간의 싸움보다 공동의 이익을 위한 집단 간 싸움이 더 중요해졌다. 집단이 점차 커지면서 구성원들을 통솔하고 자원을 효율적으로 관리할 지도자가 필요해졌으며, 이는 집단의 생존과 발전을 위해 강력한 권위를 가진 권력자의 탄생으로 이어졌다. 권력자의 등장과 집단의 팽창은 '싸움'을 '전투'로 발전시켰다. 싸움이 소규모 집단 간의 즉흥적 충돌이었다면, 전투는 더욱 조직적이고 전문적인 대규모 집단 간의 체계적인 충돌이었다.

시간이 흐르면서 중세 초기에는 봉건제라는 사회 구조를 바탕으로 국가 체계와 정치제도가 점차 정비되었다. 그리고 후기 중세에 이르러 왕권이 강화되며 중앙집권적 체제의 기틀이 마련되었다. 중세의 전투는 봉건 계약에 따라 기사 중심의 병력이 조직적으로 참여하는 형태로 발전했다. 특히, 단단한 갑옷과 긴 칼로 무장한 기사는 말을 타고 전투에 나서며 중요한 역할을 맡았다. 이에 따라 중세의 전투는 인간과 동물의 생체에너지가 주요 동력으로 작용했다. 생체에너지는 근육에서 생성되는 기계적 에너지로, 신체 활동을 통해 발휘된다. 따라서 전투의 지속 시간과 강도는 인간과 동물이 보유한 생체에너지의 양과 그 출력에 크게 좌우되었다.

앞서, 우리는 전투에서 승리하려면 투입하는 에너지를 늘리고, 에너지를 효과적으로 배분하거나 집중하며, 성능이 우수한 도구, 즉 무기를 보유해야 한다고 이야기했다. 중세 이전의 전투는 위 세 가지 조건 중 에너지 투입량이 가장 중요했다. 왜냐하면, 대부분 전투가 주로 인간과 동물의 생체에너지에 의존했기 때문이다. 예를 들어, 기사들이 갑옷을 입고 말을 타고 돌진하거나, 창병들이 밀집 대형을 이루어 싸우는 방식은 모두 체력에 크게 의존했다. 병사들은 자신의 힘과 기술로 싸웠고, 병사들이 모여 협동하고 훈련을 통해 개별적인 체력을 집단적인 전투력으로 전환했다.

물론 지휘관의 능력도 중요했다. 지휘관은 생체에너지를 효과적으로 배분하고 집중하여 전투력을 극대화하는 역할을 맡았다. 하지만, 과거일수록 지휘관의 능력보다는 투입되는 병력 규모가 더 중요했다. 대규모 병력을 보유한 군대는 전투에서 물리적인 우위를 점할 수 있었으며, 이는 단순한 병력의 양이 전략적 계획이나 전술적 기교보다 더 중요한 요소로 평가되었다는 것을 의미한다.

이는 여러 이유에서 비롯된다. 첫째, 과거에는 정교한 통신 수단이 부족해 지휘관이 실시간으로 병력을 지휘하기 어려웠으며, 이로 인해 전술은 단순하고 직관적일 수밖에 없었다. 둘째, 당시 무기는 살상의 효율성이 낮아 무기 성능이 승패에 미치는 영향이 제한적이었다. 그래서 지휘관은 성능이 좋은 무기를 가진 소수의 병력보다 성능이 낮은 무기를 가진 다수의 병력을 선호했다. 셋째, 전투는 감정을 가진 사람이 수행하는 행위이기에, 대규모 병력의 집결은 적에게 심리적 부담과 공포를 주는 데 효과적이었다.

그러나 간혹 투입된 에너지의 양이 적었더라도(=병력이 적었더라도), 지휘관의 탁월한 에너지 집중 혹은 배분 전략으로 승리를 거두는 사례도 존재한다. 이러한 전투일수록 사람들의 기억에 오래 남고 역사적인 기록으로 보존된다. 대표적으로 이순신 장군이 이끄는 한산도 대첩과 명량 대첩이 있다. 이순신 장군은 전장에 투입할 에너지를 공간과 시간으로 구분하여 전술을 수립했다. 그는 물살이 빠른 지역을 선택해 자연의 에너지를 아군에게 유리하게 활용했다. 또한, 적군의 에너지가 약해지는 순간을 기다렸다가 반격을 가하는 시간 전략을 사용해, 적은 병력으로도 대군을 상대하여 승리할 수 있었다. 하지만, 안타깝게도 우리나라 역사에서 이순신 장군처럼 전술에 능통하고 전략적으로 에너지를 운용할 줄 아는 지휘관은 그리 많지 않았다.

그렇다면, 중세 시대에는 무기의 성능을 높여 전투에서 이기고자 하는 욕구가 없었을까? 결론부터 말하자면, 생체에너지 기반 전투에서는 무기의 성능이 병력의 수나 지휘관의 능력에 비해 승패에

1592년(선조 25) 이순신 장군이 지휘하는 조선의 수군이 한산도 앞 바다에서 왜병을 격퇴하는 장면을 상상한 그림. 이순신 장군은 전장에 투입할 에너지를 공간과 시간으로 구분하여 전략을 수립하였다. (출처: 전쟁기념관(https://archives.warmemo.or.kr), ▣OPEN)

미치는 영향이 상대적으로 낮았다. 이로 인해 무기의 발전에 관한 관심이나 노력이 크지 않았다. 그 이유는 여러 가지가 있다. 첫 번째 이유는 병력이 충분하다 하더라도 그들 모두가 성능 좋은 무기를 사용할 수 없었기 때문이다. 아무리 좋은 무기라도 그 무기를 대량으로 제작하려면 엄청난 노동력이 필요했다. 중세에는 먹고사는 것이 가장 중요한 문제였기 때문에, 노동력 대부분은 식량 생산에 투입되었고 무기 생산에 투입할 여력이 없었다. 두 번째 이유는 무기를 만들기 위해 필요한 열에너지를 충분히 공급하기 어려웠기 때문이다. 철을 제련하고 단조와 열처리 과정을 거쳐 단단한 칼로 만드는 데는 많은 열이 필요하다. 하지만 당시에는 겨울철 난방에 필요한 열도 얻기 힘들었다. 세 번째 이유는 살상 도구가 발휘할 수 있는 출력이 크지 않아 파괴력이 약했기 때문이다. 칼을 한번 휘둘러서 쓰러뜨릴 수 있는 사람은 대략 1~2명 정도이다. 영화에서는 한 번의 칼부림으로 수십 명이 쓰러지는 장면이 등장하지만, 이는 현실과 거리가 먼 허구에 가깝다. 이런 이유로 무기의 성능이 전투 승리에 영향을 미치긴 했지만, 병력의 규모나 지휘관의 역량만큼 결정적이지는 않았다.

그럼에도 불구하고, 생체에너지를 기반으로 한 무기를 이해하는 것은 중요하다. 무기는 각 시대의 첨단 기술이 집약된 도구로, 이를 통해 당시의 과학기술 수준을 파악할 수 있다. 더불어 무기는 그 시대 사람들이 에너지를 활용하는 방식과 능력을 엿볼 수 있는 중요한 단서가 된다. 이제, 생체에너지 기반 무기인 칼, 활, 투석기를 통해 이들이 에너지를 활용하는 원리와 그 능력을 알아보도록 하자.

압력의 무기: 칼

칼은 인간이 휴대할 수 있는 가장 기본적이고 효율적인 살상 도구다. 그래서 어느 국가이든 구석기 시대 유적을 보면 '돌칼'이 눈에 가장 먼저 들어온다. 단순한 돌이지만, 끝을 날카롭게 만드는 것만으로도 상대방을 위협할 수 있는 무서운 무기로 변한다. 그럼 왜 칼을 이용하면 물체를 쉽게 자르거나 찌를 수 있을까? 그 답은 '압력'이라는 물리적 개념에서 찾을 수 있다. 즉, 칼은 날 끝이 단단하고 예리하기 때문에 적은 힘으로도 높은 압력을 만든다. 물체를 자르거나 찌르는 것은 외부에서 가해지는 압력으로 물체의 분자 구

두 명이 대중 앞에서 칼싸움 연기를 펼치고 있다. 칼은 날카롭게 갈려 있어 작은 면적에 높은 압력을 가할 수 있도록 설계되었다. 이러한 설계는 압력의 원리를 활용해 최소한의 힘으로 최대한의 절삭 효과를 발휘하게 한다. 칼은 압력을 집중시켜 효율적인 절단을 가능케 하는 대표적인 무기이자 도구이다. (출처: Noah Wulf, CC BY-SA 4.0)

조를 끊거나 변형시키는 것이다. 압력은 힘을 면적으로 나눈 값으로 정의된다. 예를 들어, 가위나 송곳 같은 도구도 좁은 면적에 힘을 집중시켜 높은 압력을 만들어내는 원리로 작동한다. 이를 수식으로 나타내면, 압력(P)은 힘(F)을 면적(A)으로 나눈 값, 즉 $P = F / A$으로 표현된다. 여기서 힘은 칼을 휘두르는 데 사용되는 힘이고, 면적은 칼날이 물체와 접촉하는 면적이다.

몽둥이로 힘을 가할 때와 날카로운 칼로 힘을 가할 때를 비교해보자. 몽둥이는 넓은 면적으로 물체와 접촉하기 때문에 힘이 넓게 분산된다. 반면에 날카로운 칼은 작은 면적으로 물체와 접촉하기 때문에 같은 힘이라도 훨씬 높은 압력을 만든다. 예를 들어, 10N의 힘을 1m^2 면적으로 가하면 압력은 10Pa이 된다. 그러나 같은 10N

의 힘을 0.001㎡의 면적으로 가하면 압력은 10,000Pa이 된다. 이처럼 칼날의 면적이 작아질수록 같은 힘을 가했을 때 압력이 증가하여 물체를 쉽게 자른다. 압력이 높아지면 물체의 분자 구조에 가해지는 스트레스가 커진다. 이 스트레스가 물체의 분자 결합 에너지를 초과하면 그 결합이 끊어져 물체가 절단된다. 날카로운 칼은 작은 면적에 높은 압력을 가함으로써 물체의 분자 결합을 쉽게 끊어낸다.

칼은 칼날이 단단하고 예리할수록 살상 도구로서의 가치가 증가한다. 단단한 칼은 변형되지 않고 날카로움을 유지하므로 더 오랜 시간 동안 높은 성능을 발휘한다. 칼을 가는 것은 칼날의 면적을 더

돌로 만든 주먹도끼. 원시 인류는 무기의 시작으로 주변에서 쉽게 구할 수 있는 돌을 활용했다. 돌은 별도의 가공 없이도 단단하고 날카로운 특성을 지니고 있어 초기 도구와 무기로 적합했다. 또한, 돌을 찾고 사용하는 데 필요한 에너지가 적었기 때문에, 생존을 위해 효율적으로 사용할 수 있었다. 이는 에너지 소비를 최소화하며 환경을 활용한 초기 인류의 지혜를 보여준다. (출처: 본인이 촬영, Public Domain으로 공개)

살육의 과학

욱 줄여서 압력을 증가시키는 작업이다. 하지만 예리하고 단단한 칼을 제작하는 과정은 생각만큼 쉽지 않다. 금속의 가공과 열처리 기술이 발달해야만 칼의 날카로움과 강도를 유지한다. 이는 오랜 시간 동안 경험과 지식이 축적되어 이루어진 기술적 결과이다. 인간의 역사는 도구 제작의 역사와 밀접하게 연결되어 있으며, 특히 칼과 같은 금속 도구의 발전은 인간 문명의 진보와 함께하였다.

청동기와 철기

에너지는 인류 문명과 기술의 발전을 이끌어 왔다. 특히, 에너지를 효과적으로 활용한 무기의 개발은 인류의 전쟁과 전술에 큰 변화를 불러왔다. 그중에서도 칼은 인류 역사에서 가장 오래되고 중요한 무기 중 하나로, 그 발전 과정은 인류 문명과 기술의 발전을 반영한다.

고대 인류는 처음에 돌을 이용해 무기를 만들기 시작했다. 돌은 주변에서 쉽게 구할 수 있는 재료였고, 이를 찾는 데 많은 에너지를 사용할 필요가 없었다. 인간은 돌을 가공하여 날카로운 도구를 만들고, 이를 사냥과 전투에 사용했다. 확실히 맨주먹보다는 효과적이었다. 그러나 돌은 단단함에 비해 쉽게 깨지는 단점이 있었다. 도구를 만들기까지 많은 에너지가 들지는 않았지만, 돌이 깨질 때마다 새로운 도구를 반복해서 만들어야 했기 때문에 비효율적이었다. 이러한 문제를 해결하고자 더욱 강력하고 지속 가능한 무기를 만들기 위한 연구와 시도가 이어졌다. 그 결과 등장한 것이 바로 청동기였다.

청동기 시대는 약 기원전 3,300년경부터 기원전 1,200년경까지 지속하였다. '청동기(靑銅器)'는 '푸른 구리로 만든 도구'를 의미한다. 여기서 '푸를 청(靑)'은 청동의 색을, '구리 동(銅)'은 청동의 주요 성분인 구리를 나타낸다. '그릇 기(器)'는 도구나 기구를 뜻한다. 따라서 '청동기'는 청동으로 만든 다양한 도구나 기구를 말한다.

사실 청동은 구리와 주석을 혼합하여 만든 합금이다. 그렇다면 왜 우리 선조들은 그 많은 재료 중에서 구리와 주석을 선택했을까? 이 질문에 대한 답은 에너지 관점에서 쉽게 찾을 수 있다. 과거에는 어떤 일을 하든지 자신의 생체에너지를 사용해야 했다. 생체에너지를 효율적으로 활용하기 위한 도구도 직접 만들어 사용했다. 생존 자체가 어려운 상황에서, 도구의 재료를 구하는 데 많은 에너지를 소비할 수 없었다. 결국, 돌보다 더 우수하면서도 주변에서 쉽게 찾을 수 있는 재료가 필요했다. 그러다가 발견된 것이 구리였다. 구리는 돌처럼 흔하지는 않았지만, 지표면 가까이에서 발견할 수 있었고, 구리 광석을 채굴하는 데는 비교적 간단한 도구와 기술만 필요했다. 하지만 지역에 따라 구리의 가용성은 차이가 있었기 때문에, 고대 문명들은 구리 자원이 풍부한 지역을 중심으로 성장하거나, 구리를 확보하기 위해 무역로를 발전시키기도 했다.

에너지의 관점에서 구리의 사용은 인류 역사에서 중요한 전환점을 나타낸다. 선사시대에 불은 주로 요리와 난방처럼 생존에 필요한 기본적인 용도로만 사용되었다. 초기 인류는 열에너지를 오직 의식주를 해결하는 데만 활용했으며, 이를 다른 목적으로 이용하려는 발상을 하지 못했다. 그러나 구리의 발견은 이러한 인식을 변

구석기 시대 원시 인류가 불을 피워 음식을 요리하는 장면을 재현한 디오라마. 초기 인류는 불을 활용하는 법을 터득했지만, 주로 음식을 익히고 몸을 따뜻하게 하는 생존 도구로 사용했다. 그러나 시간이 흐르며 불은 생존을 넘어 도구를 제작하는 데 활용되며 그 쓰임새가 확장되었다. (출처: 본인이 촬영, Public Domain으로 공개)

화시켰다. 사람들은 열에너지를 이용해 구리를 원하는 형태로 가공할 수 있다는 사실을 깨달았고, 이를 통해 도구 제작이 가능해졌다. 이는 단순히 기술의 발전에 그치지 않고, 열에너지를 활용하는 방식에 대한 근본적인 인식의 전환을 의미했다.

구리를 가공하여 도구를 만드는 과정은 이전의 돌칼이나 돌도끼를 제작하는 과정과 비교할 때 훨씬 많은 에너지를 요구했다. 그러나 그만큼 구리 도구는 돌 도구 대비 뛰어난 성능과 내구성을 제공했다. 구리 도구는 더 날카롭고 쉽게 마모되지 않아 농업 작업이나 목재 가공 같은 일상적인 작업에서 훨씬 높은 효율성을 제공했다. 이러한 특성 덕분에 작업 시간이 단축되고, 노동 강도가 감소하여 생산성의 향상에 크게 기여했다. 이러한 도구의 탄생은 인류가 단순히 생존을 위한 도구를 넘어서, 더욱 정교하고 복잡한 작업을 수행할 수 있는 도구를 제작하는 시대로의 진입을 가능하게 했다.

구리의 녹는점은 약 1,085℃로 비교적 쉽게 도달할 수 있는 온도였다. 또한, 연성과 가공성이 뛰어나 다양한 형태로 만들기 용이했다. 그러나 구리는 무르고 내구성이 부족해 강도와 내구성이 요구되는 도구나 무기 제작에는 한계가 있었다. 이를 보완하기 위해 주석이 사용되었다. 주석을 구리에 혼합하면 순수 구리보다 훨씬 강하고 내구성이 뛰어난 합금이 만들어진다. 주석은 구리의 결정을 안정화해 구조를 균일하게 만들고, 이를 통해 더 단단하고 마모에 강한 청동을 형성한다. 이러한 안정화 과정은 청동이 외부 충격에 잘 견디게 하며, 마모 저항력을 높여 오랜 시간 성능을 유지할 수 있게 한다. 또한, 주석을 섞으면 합금의 녹는점이 950~1,050℃로 낮아져 가공이 더 쉬워진다. 청동의 낮은 녹는점은 주조 과정에서 에너지를 절약해 대량 생산에 필요한 연료와 작업 시간을 줄여준다. 이로 인해 경제적인 이점이 생겼고, 주조 후에도 쉽게 가공할 수 있어 다양한 형태의 도구와 무기를 빠르고 효율적으로 제작할 수 있었다.

청동기의 등장은 도구 제작 기술의 발전을 넘어, 인류 문명에 획기적인 변화를 불러왔다. 청동기 도구는 경작과 관개 작업을 효율화하여 농업 생산성을 크게 높였고, 이를 통해 더 많은 인구를 부양하며 정착지가 도시로 성장하는 데 기여했다. 열에너지는 도구 제작과 금속 가공, 도기 생산 등 다양한 생산 활동에 활용되며, 농업 생산성 향상과 무역 활성화를 통해 경제적, 문화적 발전을 촉진했

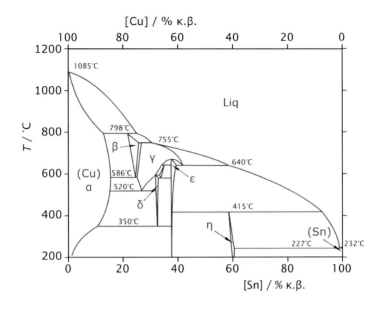

구리(Cu)-주석(Sn) 상변화 다이어그램. 순수 구리의 녹는점은 1085℃로 매우 높지만, 주석이 첨가될수록 합금의 녹는점이 점차 낮아진다. 이는 주석이 구리의 결정 구조와 열적 특성에 변화를 주기 때문이며, 이러한 특성은 합금의 제작과 활용에 큰 영향을 미친다. (출처: Metallos, CC BY-SA-3.0)

다. 특히 종교의식과 예술품 제작 같은 새로운 문화 활동도 가능하게 했다.

청동의 혁신이 이루어진 뒤에도 인간은 더 나은 재료를 찾으려는 노력을 멈추지 않았다. 청동은 주석을 혼합함으로써 구리보다 개선된 특성을 보였지만, 금속 자체의 한계로 인해 대규모 전투에서 장기간 사용하기에는 부족한 점이 있었다. 특히, 청동보다 더 튼튼한 무기를 만들면 적을 더 쉽게 정복할 수 있을 것이라는 기대가 커졌다. 한편, 청동기 농기구와 도구의 보급으로 농업 생산성이 크게 향상되면서 생존에 필요한 에너지를 절약할 수 있었다. 이렇게 절약된 에너지는 다른 활동에 투입되었고, 그 결과 구리보다 채굴과 가공이 더 어려운 철을 활용하는 기술이 발전하게 되었다.

철기는 청동기와는 다른 기술적 접근이 필요했다. 철광석을 채굴한 뒤, 고온의 환원 과정을 통해 불순물을 제거해야 순수한 철을 얻을 수 있었다. 구리 광석은 지표 가까이에서 쉽게 채굴되는 경우가 많았지만, 철광석은 더 깊은 곳에 위치한 경우가 많아 채굴과 정제 과정에서 더 많은 노동력과 에너지가 요구되었다. 이러한 이유로 철은 기술과 조직이 더욱 발전된 사회에서 본격적으로 사용되기 시작했다.

철의 녹는점은 약 1,538℃로, 청동보다 훨씬 높아 철 제련[2]은 기술적으로 큰 도전이었다. 이 온도 이상을 지속적으로 유지하려면 막대한 연료와 내화성 재료가 필요했으며, 이를 가능하게 하는 용광로의 개발이 필수적이었다. 용광로의 발명은 철을 안정적으로 녹이는 데 있어 획기적인 전환점이 되었다. 벨로즈(bellows)[3]를 활용해 용광로 내부로 공기를 강제로 불어 넣음으로써 연료의 연소 효율이 크게 향상되었다. 이를 통해 용광로는 내부 온도를 1,538℃ 이상으로 유지할 수 있었고, 철의 제련과 가공을 가능하게 만들었다. 결과적으로, 에너지를 다루는 기술이 철기 시대의 기술적 발전을 가속하는 데 핵심적인 역할을 했다.

철기의 가장 큰 장점은 재료의 경도와 내구성이다. 철은 청동보

---

[2] 철광석에서 순수한 철(Fe)을 추출하는 과정을 의미한다. 철광석에는 철뿐만 아니라 산소, 규소, 황, 인 등의 불순물이 포함되어 있다. 제련은 이 불순물을 제거하고 철을 순수한 상태로 만들어 사용할 수 있도록 하는 공정을 말한다.

[3] '풀무'라고도 한다.

핀란드의 전형적인 대장간 모습. 대장간에서 칼을 단단하게 만들기 위해서는 단조와 담금질 같은 공정을 통해 많은 에너지를 투입해야 한다. 단조는 금속에 압력을 가해 밀도를 높이고, 담금질은 금속을 고온으로 가열한 뒤 급격히 냉각시켜 조직을 강화하는 과정이다. 이러한 에너지 집약적인 작업은 칼의 강도와 내구성을 크게 향상시키는 핵심 요소다. (출처: Wasapl, CC BY-SA 3.0)

다 훨씬 단단하여, 이를 이용해 만든 무기는 더 강력한 타격을 가할 수 있으며 쉽게 무뎌지지 않는다. 이러한 높은 경도는 철기 무기가 전투에서 더 오래 사용될 수 있게 해주고, 적의 갑옷을 쉽게 뚫을 수 있게 한다. 철기는 제조 방법에 따라 더 단단하게 만들 수 있는데, 대표적인 방법 중 하나가 담금질이다. 담금질은 금속을 고온에서 가열한 후 급속히 냉각시키는 과정으로, 금속의 결정 구조를 변화시켜 경도를 높인다. 이 과정을 통해 철기 무기의 표면은 단단해지고, 내부는 유연성을 유지한다. 이는 급속 냉각 과정에서 표면의 금속 결정이 작은 크기로 형성되어 단단함을 얻는 반면, 내부는 비교적 느린 냉각으로 인해 유연한 특성을 유지하기 때문이다. 이러한 특성 덕분에 무기가 쉽게 부러지지 않으며 강한 타격을 견딜 수 있게 된다. 또한, 철에 탄소를 함유시켜 강도를 높이는 방법도 있다.

지금까지 우리는 청동기와 철기에 대해 간단히 살펴보았다. 도구의 역사를 돌, 청동기, 철기의 순서로 돌아보면, 더 나은 재료로 도구를 제작하기 위해서는 점점 더 많은 에너지가 필요했음을 알 수 있다. 이는 곧 인류 문명의 발전이 에너지를 다루는 기술의 진보와 에너지 관리 및 활용 능력의 확장과 깊이 연결되어 있음을 보여준다.

우리는 철기 무기를 든 병사가 청동기 무기를 든 병사보다 더 강하다고 생각한다. 그러나 이는 단순히 철이 청동보다 더 단단하다는 물질적 특성 때문만은 아니다. 철기 무기의 우월성은 그 제작 과정에서 투입된 에너지와 자원, 그리고 이를 사용하는 병사의 역량과도 깊은 관련이 있다. 철기 무기는 청동기 무기보다 더 많은 에너지와 자원이 집약된 산물이며, 이를 사용하는 병사는 청동기 병사보다 더 높은 수준의 준비와 역량을 갖추고 있음을 의미한다. 인간이 맨몸으로 싸우던 시절에는 덩치나 체력이 승패를 좌우했지만, 무기를 들기 시작하면서는 사람의 신체적 조건뿐 아니라 무기의 재료와 제작 과정에서 투입된 에너지 역시 승패의 중요한 요소가 되었다.

인류의 발전은 에너지를 다루는 기술과 그 총량의 증가와 밀접하게 연관되어 있다. 철기 시대의 도래는 단순한 재료의 변화가 아니라, 인류가 더 많은 에너지를 통제하고 효과적으로 활용하게 된 중요한 전환점이었다. 결국, 인류의 역사는 에너지를 다루는 기술의 진보와 활용 능력의 확대를 통해 발전해왔으며, 이는 역사를 이해하는 중요한 관점 중 하나로 자리 잡는다. 철기 병사의 힘과 위력은 그가 단순히 철로 된 무기를 들고 있다는 사실을 넘어, 그 무기에 담긴 에너지와 기술적 진보의 산물임을 의미한다. 앞으로는 무기의 결과론적인 성능뿐만 아니라, 그 무기 개발과 제작 과정에서 투입된 에너지와 이를 가능하게 한 당시 시대의 에너지 기술 수준까지 함께 고려해야 할 것이다.

다마스쿠스와 카타나

고대부터 중세, 그리고 현대에 이르기까지 철로 만든 칼은 병사의 기본 무기로 사용됐다. 예를 들어, 고대 로마 군단의 글라디우스(Gladius), 중세 유럽의 롱소드(Long Sword), 그리고 현대의 군용 나이프 등은 철제 칼의 대표적인 예로, 각 시대와 문화에 따라 다양한 형태로 발전했다. 그만큼 철로 만든 칼은 효율성과 경제성 면에서 우수한 개인 무기임이 틀림없다. 인간은 오랫동안 칼을 만들어 왔기 때문에 칼의 성능도 지속해서 향상됐다. 나라마다 독특한 칼이 존재하지만, 다마스쿠스(Damascus)와 카타나(Katana)가 전 세계적으로 가장 유명하다. 다마스쿠스와 카타나는 모두 전통적인 제조 공법과 뛰어난 성능을 자랑하지만, 그 제작 방식과 특성에서 분명한 차이를 보인다. 먼저, 다마스쿠스의 제조 공법을 살펴보자. 다마스쿠스 칼은 다양한 탄소 함량을 가진 강철을 반복적으로 접고 두드리며 만드는 방식으로 제작된다. 이 탄소 함량의 다양성은 강철의

다마스쿠스 칼의 표면. 다마스쿠스 강철은 물결무늬 또는 나뭇결과 같은 독특한 패턴이 특징이며, 이 패턴은 여러 층의 강철을 접합하여 단조하고 열처리하는 과정에서 생성된다. 이러한 패턴은 아름다움뿐만 아니라 칼날의 강도와 유연성을 높이는 데 기여한다. (출처: Jimmy Fikes Damascus Fighter, CC0)

강도와 유연성을 동시에 조절할 수 있게 해준다. 높은 탄소 함량은 칼의 경도와 날카로움을 증가시키는 반면, 낮은 탄소 함량은 유연성을 부여하여 충격에 대한 저항력을 높인다. 이 과정을 통해 강철은 여러 층으로 이루어진 복합 구조를 가지게 되며, 이는 칼의 강도와 유연성을 향상시킨다. 다마스쿠스 칼의 표면에 나타나는 독특한 물결무늬는 이 과정을 통해 자연스럽게 형성되며, 산 처리를 통해 더욱 선명해진다. 산 처리는 철과 탄소가 결합한 부분과 그렇지 않은 부분의 부식 속도 차이를 이용하여 물결무늬를 더욱 뚜렷하게 만들어준다.

　카타나의 제작 공법은 전반적으로 다마스쿠스 칼의 제작 방식과 유사하다. 철을 가열해 불순물을 제거한 뒤, 이를 여러 겹으로 접고 두드려 단단한 구조를 만드는 방식이다. 그러나 카타나는 독특한 구조적 특징을 가지고 있다.

카타나의 날은 '하몬(hamon)'이라 불리는 경도 차이가 있는 영역으로 구성된다. 날 부분은 단단하고 날카로워 절삭력을 극대화하며, 몸체 부분은 더 유연하게 제작되어 충격을 흡수한다. 이러한 경도와 유연성의 균형은 날이 쉽게 부러지지 않게 하고, 외부 충격을 효과적으로 분산시켜 칼의 절삭력과 내구성을 동시에 높이는 데 기여한다. 카타나 제작 과정에서 불순물을 제거하고 금속의 미세 구조를 정돈하는 정교한 단조 작업이 이루어진다. 이후 담금질 단계에서는 날 부분과 몸체 부분의 특성을 조율하는 기술이 핵심이다. 날 부분에 점토를 바르고 고온에서 가열한 뒤 급속 냉각하는 과

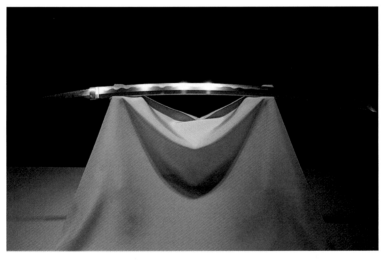

카타나의 모습. 카타나는 일본의 전통적인 곡선 형태의 도검으로, 단일 날(blade)을 가지고 있다. 일반적으로 전체 길이는 60㎝ 이상이며, 날의 곡선과 손잡이는 전투와 무술 수행에 최적화되어 있다. (출처: SLIMHANNYA, CC BY-SA 4.0)

정에서, 점토가 날과 몸체의 냉각 속도를 조절한다. 이로 인해 날은 단단해지고, 몸체는 유연성을 유지할 수 있게 된다. 결과적으로, 카타나는 날카로운 절삭력과 외부 충격에 대한 높은 저항성을 동시에 갖춘 독보적인 무기가 된다.

위의 다마스쿠스와 카타나 칼의 제조 과정에서 엿볼 수 있듯이, 인간은 철제 칼을 더 단단하게 만들기 위해 부단히 노력해 왔다. 시행착오를 거쳐 그 방법을 발견하고, 지식이 축적되면서 지금의 기술에 이르렀다. 칼의 주재료가 구리에서 철로 바뀌면서 더 많은 에너지가 필요해진 것처럼, 철을 단단하게 만드는 과정 역시 투입되는 에너지의 양에 비례한다. 예를 들어 일반 칼과 비교하면 카타나 칼을 만들기 위해서는 수백에서 수천 메가줄(MJ)의 열에너지를 더 투입해야 하고, 대장장이도 더 오랜 시간 동안 자신의 생체에너지를 사용해 철을 녹이고, 가열하고, 두드리는 과정을 반복해야 한다.

상식적으로 중세 시대에 모든 병사에게 다마스쿠스나 카타나 같은 고성능 칼을 지급한다면 병력의 공격력을 극대화할 수 있었을 것이다. 그러나 현실적으로 이는 불가능했다. 당시에는 단단한 칼을 대량으로 제작할 만큼 충분한 에너지를 확보하기 어려웠고, 정교한 무기를 제작할 수 있는 숙련된 대장장이도 부족했기 때문이다. 결과적으로 실제 전투에서는 소수의 장수만 고급 무기를 사용할 수 있었고, 병사 대부분은 품질이 낮은 칼을 사용하거나 심지어 제대로 된 무기도 없이 싸워야 했다. 심지어 농기구를 들고 전투에 나섰다는 기록이 남아있는 것도 이러한 상황을 잘 보여준다. 이는 무기 제작을 위해 에너지를 투입하는 게 얼마나 큰 제약을 받았는지를 보여주는 사례라 할 수 있다.

아무리 많은 병사를 전장에 투입하더라도, 적절한 무기를 지급하지 못한다면 승리를 장담할 수 없다. 전쟁의 승패는 단순히 병사의 수와 그들의 생체에너지에 의존하지 않는다. 국가가 양질의 무기를 생산하기 위해 오랫동안 투입한 에너지양도 중요하다. 결국, 전투의 승패를 결정짓는 핵심 요소는 '전쟁에 투입된 에너지'이고, 이를 간단한 수식으로 표현하면 다음과 같다.

전투에 투입한 에너지=병사의 생체에너지+무기 제조에 투입한 에너지

지휘관은 전투에 나서기 전에 아군과 적군의 에너지 투입량을 자세히 비교하고, 이를 바탕으로 전략을 수립해야 한다. 병력이 제한적이라면, 전투에 투입할 에너지양을 늘리기 위해 평소에 양질의 무기를 제작해 에너지를 축적해 두는 것이 중요하다. 전투가 임박한 상황에서 급히 에너지를 모아 한꺼번에 투입하는 것은 현실적으로 어려운 일이기 때문이다. 물론, 전투의 승패가 단순히 에너지의 크기에만 좌우되는 것은 아니다. 전략과 전술, 지형적 요인 등 다양한 요소가 복합적으로 작용해 결과를 결정짓는다. 그러나 평소에 충분한 에너지를 들여 단단하고 우수한 무기를 준비한다면, 전투에서 승리할 가능성을 크게 높일 수 있다. 결국, 어떤 무기를 준비하고 이를 어떻게 활용할지를 결정하는 것은 지휘관의 역량을 평가하는 중요한 척도가 된다.

탄성에너지 무기: 활

활과 에너지는 무기 개발 역사에서 기술 발전을 이끄는 데 중요한 역할을 해왔다. 활은 인간의 생체에너지를 효율적으로 저장하고 방출함으로써 먼 거리에서도 적을 공격할 수 있게 하여 전투 방식에 혁신을 가져왔다. 앞서 칼이 인간의 생체에너지와 압력을 활용해 적을 무력화하는 효율적인 도구라고 언급한 바 있다. 그러나 칼은 근접전에서만 사용할 수 있는 무기이기 때문에 적과 싸우기 위해 반드시 가까이 접근해야 한다. 이는 나 역시 적의 공격에 노출될 수 있다는 위험을 의미한다. 과거에도 지금도, 적의 공격 범위보다 더 먼 거리에서 공격할 수 있는 능력은 전투에서 전략적 우위를 확보하는 핵심 요인이다. 이 원리는 팔이 긴 복싱 선수가 팔이 짧은 선수보다 유리한 경기를 펼칠 수 있는 이유와도 비슷하다. 이러한 필요성에 의해 개발된 무기가 바로 '활'이다.

활도 칼처럼 사람의 생체에너지를 활용하지만, 작동 원리는 다르다. 칼이 단단함과 압력을 이용한 무기라면, 활은 탄성을 활용한 무기다. 활은 사람의 생체에너지를 탄성에너지로 저장했다가, 시위를 놓는 순간 그 에너지를 한 방향으로 방출해 화살을 멀리 보낸다. 이 개념이 조금 어렵게 느껴질 수 있으니, 질문을 통해 답을 찾아보자. 올림픽 육상 경기에는 투척 종목으로 투포환, 원반던지기, 창던지기, 해머던지기가 있다. 이 중 창던지기의 세계 신기록은 체코의 야누 젤레즈니(Jan Železný)가 1996년 5월 25일에 세운 98.48m다. 나머지 종목들의 세계 기록도 90m를 넘지 못한다. 그런데 조선 시대의 각궁(角弓)은 최대 사거리가 약 250m에 달했다고 알려져 있다.

외부에서 기계적인 에너지를 더하지 않았음에도 불구하고, 왜 인간이 팔로 던질 때는 100m도 넘기 어려운 물체가 활을 통해서는 250m, 심지어 400m까지 날아갈 수 있을까?

이 차이는 활의 탄성에서 비롯된다. 생체에너지를 기반으로 하는 무기에서 탄성이 제공하는 이점을 알아보기 위해, 먼저 물체를 던지는 상황을 떠올려 보자. 물체를 멀리 던지기 위해서는 전신의 근육을 정교하게 조율해 사용해야 한다. 발끝에서 손끝까지 근육의 힘을 적절한 순서와 타이밍으로 사용해 생체에너지를 최대한 끌어올리고, 이를 물체에 효과적으로 전달해야 한다. 만약 근육 사용의 타이밍이 맞지 않거나, 힘의 방향이 어긋난다면 물체의 비행 속도와 거리는 크게 줄어든다. 투수들이 구속을 높이기 위해 자세를 교정하고 끊임없이 연습하는 이유도 정확한 타이밍과 힘의 방향을 찾기 위해서다. 하지만 활을 사용하면 상황은 훨씬 단순해진다. 활은 생체에너지를 축적한 뒤 한 방향으로 효율적으로 방출하는 도구이다. 활을 잡고 두 팔을 벌려 시위를 당기면 생체에너지가 활에 저장된다. 이 상태로 자세를 유지하면 저장된 에너지는 활에 그대로 남아있다. 또한, 활은 주로 상체 근육만 사용해 에너지를 축적하기 때문에 하체 근육을 어떻게 사용할지 고민할 필요도 없다. 즉, 활을 통해 에너지를 저장하는 과정에서 힘의 타이밍과 방향에 대한 문제는 자연스럽게 해결된다. 이런 이유로 양궁 선수는 창던지기 선수보다 신체 조건이나 체력 조건에 덜 구애받는 경향이 있다. 활의 탄성은 생체에너지를 보다 단순하고 효율적으로 활용할 수 있게 해주는 중요한 기술적 이점이다.

도구 없이 맨몸으로 물체를 던지면 목표물을 정확히 맞히는 것은 어렵다. 그러나 활을 사용하면 신체를 정밀하게 조율해야 하는 부담에서 벗어날 수 있다. 활은 에너지를 오랫동안 저장한 뒤 정확한 방향으로 방출할 수 있도록 도와준다. 궁수는 단지 목표물을 조준하는 데만 집중하면 된다. 이 간단한 과학적 원리는 전투에서 혁신적인 변화를 불러왔다. 활 덕분에 적보다 먼 거리에서 공격할 수 있었고, 특정 대상을 정밀하게 겨냥해 사살하는 것이 가능해졌다. 또한, 활은 하체 근육을 많이 사용하지 않아 말을 타고도 자유롭게 사용할 수 있었으며, 이는 기동성과 전투력을 동시에 강화하는 데 큰 역할을 했다.

탄성은 물체가 변형된 후 원래 상태로 돌아가려는 성질이다. 이 성질은 물리학에서 중요한 개념으로, 고무줄이나 스프링 같은 일상적인 물체들에서 쉽게 관찰할 수 있다. 탄성은 주로 물체 내부의 원자나 분자 사이의 결합력에 의해 결정되며, 외부에서 힘이 가해져 변형되면 이 결합력들이 원래 상태로 돌아가려는 경향을 보인다. 물체가 외부 힘으로 변형되면 그 내부에 변형된 상태를 유지하려는 에너지가 저장된다. 이 에너지는 물체가 원래 상태로 돌아오면서 방출되며, 이를 탄성에너지라고 한다. 탄성에너지는 물체의 변형 정도에 비례하며, 변형이 클수록 더 많은 에너지가 저장된다.

$$E = \frac{1}{2}kx^2$$

여기서 E는 탄성에너지, k는 탄성 계수(스프링 상수), x는 변형된 길이를 나타낸다. 이 식에 따르면, 탄성 계수가 큰 재료를 사용하거나 변형된 길이를 늘일수록 더 많은 탄성에너지를 저장할 수 있다.

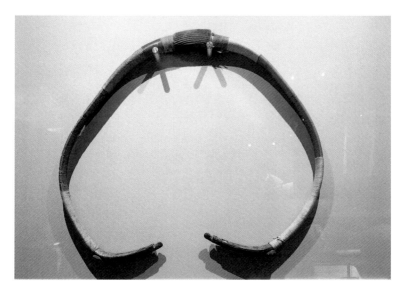

조선시대에 사용된 각궁의 모습. 각궁은 뿔, 힘줄, 나무 등 서로 다른 재료의 조합으로 만들어져 뛰어난 탄성을 가진다. 힘줄은 인장력에, 뿔은 압축력에 강해 더 많은 에너지를 저장하고 빠르게 방출할 수 있다. (출처: 본인이 촬영, Public Domain으로 공개)

활을 당길 때 발생하는 생체에너지는 활의 양쪽 팔에 축적되며, 시위를 놓는 순간, 이 탄성에너지가 화살에 전달되어 운동에너지로 전환된다. 이 원리는 활의 구조와 재질에 크게 좌우된다. 예를 들어, 활의 곡률, 두께, 그리고 사용된 재료의 탄성 특성은 에너지를 얼마나 효율적으로 저장하고 전달할 수 있는지를 결정짓는 중요한 요소다. 이러한 요인들은 활의 성능을 좌우하며, 전투에서 활이 가지는 위력을 극대화하는 데 필수적이다.

각궁

 활은 역사적으로 다양한 재료로 제작되었으며, 사용된 재료는 지역과 문화에 따라 조금씩 달랐다. 그중에서도 우리나라의 각궁은 뛰어난 탄성력과 효율성으로 유명하다. 각궁에서 '각(角)'은 뿔을 의미하며, 각궁은 뿔을 주요 재료로 사용해 만들어졌다. 그러나 각궁은 단순히 뿔로만 만들어진 것이 아니다.

 각궁은 여러 재료를 결합한 복합궁으로, 각 재료의 특성을 조화롭게 활용해 높은 성능을 발휘한다. 복합궁의 구조는 나무, 뿔, 힘줄 등의 재료를 혼합해 구성된다. 나무는 가벼우면서도 유연성이 뛰어나 활의 중심을 이루며 기본적인 형태를 유지한다. 뿔은 단단하면서도 탁월한 탄성을 제공해 활의 바깥쪽 곡선 부분에서 에너지를 효과적으로 저장하고 방출한다. 힘줄은 강한 인장력을 제공해 활의 강도를 보강하고, 당기는 과정에서 발생하는 압력을 견뎌 활의 수명을 연장한다. 이러한 재료들을 결합하는 데는 아교와 같은 동물성 접착제를 사용해 각 부분을 하나로 일체화한다. 이 복합구조 덕분에 각궁은 높은 탄성 계수를 가지며, 작고 가볍지만 많은 에너지를 저장할 수 있는 강력한 무기로 평가받는다.

 각궁의 대단함은 일본의 화궁(和弓)과 비교하면 더욱 분명해진다. 일본 활을 대표하는 화궁은 각궁과 구조와 사용 목적에서 뚜렷한 차이를 보인다. 각궁은 탄성과 내구성을 높이기 위해 다양한 재료를 결합한 복합 구조로 제작되었지만, 화궁은 단일한 나무를 사용해 구조가 단순했다. 단순한 재료 사용은 제작이 용이하다는 장점이 있었지만, 에너지 저장량을 확보하기 위해 활의 크기를 크게 늘

새해 첫날 활을 쏘는 모습을 그린 작품(토리 키요나가, 1787). 일본 활을 대표하는 화궁은 각궁과 구조와 사용 목적에서 뚜렷한 차이를 보인다. 각궁은 탄성과 내구성을 높이기 위해 다양한 재료를 결합한 복합 구조로 제작되었지만, 화궁은 단일한 나무를 사용해 구조가 단순했다. (출처: Public Domain, Wikimedia Commons)

리는 방식으로 보완되었다. 이러한 설계는 화궁이 긴 활의 길이를 통해 많은 에너지를 저장할 수 있어 먼 거리까지 화살을 날리는 데 유리하게 만들었다. 그러나 크고 무거운 구조는 휴대성과 기동성을 저하시켰다. 반면, 각궁은 작고 가벼운 설계와 복합 구조로 짧은 길이에서도 높은 탄성을 발휘하며, 기동성이 중요한 전투에서 탁월한 효율을 보였다.

각궁은 작은 크기에도 불구하고 높은 탄성력으로 많은 에너지를 저장할 수 있었고, 이러한 특성 덕분에 우리나라 역사에서 중요한 무기로 자리 잡았다. 임진왜란 당시 이순신 장군은 일본군의 화승총에 대응하기 위해 각궁을 적극 활용했다. 각궁의 빠른 발사 속도와 뛰어난 사정거리는 일본군을 효과적으로 제압하는 데 크게 기여했으며, 조선의 원거리 공격 능력을 극대화하는 데 핵심적인 역할을 했다. 이로써 각궁은 전쟁에서 승리를 이끄는 결정적인 무기로 평가받았다.

크로스보우

크로스보우(crossbow, 쇠뇌, 수노기)는 활의 발전 과정에서 중요한 위치를 차지한 무기로, 그 기원은 고대 중국으로 거슬러 올라간다. 중국은 기원전 5세기경 이미 크로스보우를 사용했으며, 이후 이 기술은 서양으로 전파되었다. 중세 유럽에서는 크로스보우가 주요 군사 무기로 자리 잡았다.

크로스보우는 일반 활보다 강력하고 사용이 간편해 훈련된 궁수가 아닌 일반 병사들도 강력한 원거리 공격을 할 수 있게 했다. 특히 뛰어난 관통력을 지녀 철갑옷을 입은 기사들조차 무력화할 수 있었다. 이러한 특징 덕분에 크로스보우는 중세 유럽에서 위협적인 무기로 여겨졌다. 그 위력으로 인해 교회는 크로스보우의 사용에 대해 깊은 우려를 나타냈다. 1139년 제2차 라테라노 공의회(Lateran Council)에서 교황 인노첸시오 2세(Pope Innocent II, 1082~1143)는 크로스보우와 같은 무기의 사용을 금지하는 결정을 내렸다. 교황은 크로스보우의 지나치게 치명적인 특성을 문제 삼아, 특히 기독교인들 간의 전쟁에서 사용을 금지해야 한다고 선언했다. 그러나 이러한 금지 조항은 유럽 전역에서 철저히 지켜지지 않았다. 많은 군주와 국가들이 크로스보우의 강력한 성능을 무시할 수 없었고,

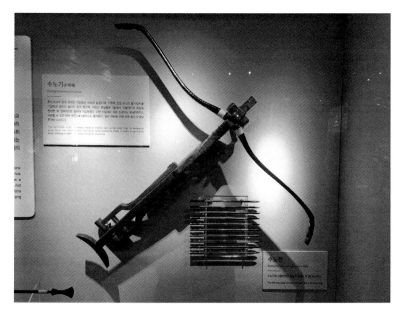

조선시대에 사용된 크로스보우(수노기)의 모습. 이 무기는 레버 시스템을 활용해 긴 막대를 이용해 활시위를 당기는 구조로 설계되었다. 레버의 원리를 통해 사용자는 적은 힘으로도 큰 장력을 만들어낼 수 있었으며, 이는 화살의 사거리와 관통력을 크게 향상시켰다. (출처: 본인 이 촬영, Public Domain으로 공개)

여전히 전쟁에서 이를 사용했다. 결과적으로 크로스보우는 중세 유럽에서 중요한 군사 무기로 계속 자리 잡으며 전쟁의 판도를 바꾸는 데 큰 영향을 미쳤다.

크로스보우의 주요 특징은 두 가지로 요약할 수 있다. 첫째, 강력한 탄성을 지닌 활대다. 크로스보우는 일반 활보다 단단하고 강한 재질의 활대를 사용해 더 많은 에너지를 축적할 수 있어, 발사된 화살이 더 먼 거리까지 날아가거나 강한 충격을 줄 수 있다. 둘째, 독특한 활시위 당김 방식이다. 크로스보우는 강한 탄성으로 인해 손으로만 시위를 당기기 어려운 구조다. 이를 해결하기 위해 다양한 힘 증폭 기구가 활용되며, 이로 인해 사용자가 더 적은 힘으로도 발사 준비를 할 수 있다.

가장 널리 사용된 힘 증폭 장치는 윈치(winch) 시스템이다. 이 장치는 작은 크랭크(crank)를 돌려 활시위를 천천히 당기는 방식으로, 사용자가 적은 힘으로도 강력한 활시위를 완전히 당길 수 있게 해준다. 또 다른 방식으로는 레버(lever) 시스템이 있다. 긴 막대와 지렛대의 원리를 활용해 작은 힘으로도 효율적으로 활시위를 당길 수 있도록 설계되었다. 이 외에도 풀리와 기어 같은 복잡한 기계 장치들이 사용되어 크로스보우의 발사 준비를 한층 더 용이하게 했다.

크로스보우의 사용 방법은 비교적 간단하다. 먼저, 힘 증폭 장치를 이용해 활시위를 당기고 고정한다. 이후 화살을 홈에 맞춰 장전한 뒤, 목표물을 조준한다. 마지막으로 방아쇠를 당기면 활시위가 풀리며 화살이 강력한 탄성으로 발사된다. 크로스보우는 활시위를 당긴 상태에서도 사용자가 계속 힘을 가할 필요가 없다는 점에서 큰 장점이 있다. 이로 인해 근육 떨림 없이 안정적으로 목표물을 조준할 수 있으며, 원거리에서도 뛰어난 정확성을 발휘한다. 이러한 특징 덕분에 크로스보우는 탄성과 기계적 장치를 활용해 에너지를 효율적으로 저장하고 방출하는 혁신적인 원거리 무기로 자리 잡았다.

위치에너지 무기: 투석기

고대 로마 제국부터 중세 유럽에 이르기까지, 공성전은 전쟁의 핵심 전략 중 하나였다. 공성전은 적의 성이나 요새를 공격하고 함락시키기 위한 군사 작전으로, 전쟁의 승패를 좌우하는 중요한 요소 중의 하나였다. 이러한 이유로 공격군과 방어군 모두 공성전에 막대한 물자와 인력을 투입했다.

방어군의 관점에서, 튼튼한 성벽은 효율적인 방어의 핵심이었다. 수백 명의 병력만으로도 중요한 거점을 방어할 수 있었던 것은 강력한 성벽 덕분이었다. 그러나 성벽을 구축하기 위해서는 뛰어난 건축 기술과 함께 막대한 양의 에너지가 필요했다. 초기에는 나무와 같은 가벼운 재료로 성벽을 쌓았지만, 이는 화재에 취약하고 내구성이 약해 강한 공격을 견디기 어려웠다. 이러한 한계를 극복하기 위해 화강암이나 석회암과 같은 단단한 돌을 사용해 성벽을 쌓기 시작했다. 돌은 내구성이 뛰어나고 불에도 강해 성벽의 방어력을 크게 향상시켰다.

하지만 돌은 무겁고 다루기 어려운 재료였기에 이를 운반하고 쌓는 데 나무보다 훨씬 더 많은 에너지가 소모되었다. 돌을 채취하고 운반하며 성벽을 건설하는 과정은 막대한 인력과 시간이 요구되었지만, 결과적으로 돌로 만든 성벽은 적의 공격을 효과적으로 막아낼 수 있는 견고한 방어체계가 되었다. 두꺼운 돌벽은 쉽게 무너지지 않았고, 높은 성벽은 적의 접근을 어렵게 만들어 방어군이 적은 병력으로도 대규모 공격을 방어할 수 있었다.

이처럼 공성전에서는 방어군이 종종 유리한 위치를 점할 수 있었다. 표면적으로는 공격군이 더 많은 병력을 투입해 방어군보다 더 많은 에너지를 소비하는 것처럼 보인다. 그러나 성벽 건설에 소모된 에너지를 고려하면 이야기가 달라진다. 성벽을 세우기 위해 돌을 채취하고 운반하며 이를 쌓는 과정에는 수많은 인부와 동물이 동원되었고, 정교한 기술과 지속적인 노동이 필요했다. 방어군은 오랜 시간에 걸쳐 성벽을 강화하는 데 막대한 에너지를 투입했던 것이다.

결국, 성벽 건설에 투입된 에너지는 성의 방어력을 결정짓는 핵심 요소였다. 방어군이 성벽 강화에 더 많은 에너지를 투입할수록 방어력은 높아졌고, 적의 공격을 막아내는 데 유리한 위치를 차지할 수 있었다. 이는 전쟁의 승패를 결정짓는 중요한 요인이었다. 공성전은 단순히 병력 간의 전투가 아니라, 병력의 생체에너지, 무기 제조에 소모된 에너지, 그리고 성벽 구축에 투입된 에너지를 포함한 총체적인 에너지의 대결이었다.

단단한 성벽을 무너뜨리기 위해 공격군에게도 강력한 무기가 필요했다. 방어군이 성벽 건설에 투입한 막대한 에너지에 대응하기 위해 공격군이 사용한 무기가 바로 투석기다. 투석기는 단순히 무거운 물체를 던지는 장치가 아니라, 생체에너지를 위치에너지나 탄성에너지로 변환해 저장한 뒤, 이를 운동에너지로 전환해 방출하는 정교한 무기였다. 이 과정에서 에너지는 정밀하게 제어되어 목표물을 정확히 타격하였다. 방어군이 오랜 시간과 에너지를 들여서 쌓은 성벽에도 약점은 존재했고, 투석기는 그러한 약점을 공략해 성벽을 무너뜨리는 데 탁월한 효과를 발휘했다.

투석기는 더 강력한 공격력을 발휘하기 위해 여러 사람의 생체에너지를 동시에 축적할 수 있는 기계장치로 발전했다. 각 개인이 제공한 힘을 효율적으로 모아 정밀하게 제어함으로써, 필요할 때 강력한 힘을 방출할 수 있었다. 또한, 사람의 힘만으로 부족할 경우

말이나 소 같은 동물의 힘을 추가로 활용해 더 많은 에너지를 축적하기도 했다.

투석기는 크게 꼬임식, 당김식, 무게추식으로 나뉘며, 각각 독특한 에너지 축적 및 방출 메커니즘을 통해 효율적으로 에너지를 제어하고 발산하도록 설계되었다. 꼬임식 투석기는 줄이나 밧줄을 여러 번 꼬아 에너지를 축적한 뒤, 트리거(trigger, 방아쇠) 장치를 사용해 꼬임을 해제하면서 저장된 에너지를 방출한다. 꼬임으로 저장된 에너지는 풀리는 순간 운동에너지로 변환되어 돌을 던진다. 이 방식은 구조가 간단하고 사용이 쉬워 작은 규모의 공격에 적합하며, 비교적 빠르게 에너지를 방출할 수 있다는 장점이 있다.

당김식 투석기는 활의 원리와 유사하게 작동한다. 나무나 금속 봉을 강하게 당겨 에너지를 축적한 뒤, 이를 놓아줌으로써 축적된 에너지를 운동에너지로 전환해 강력한 힘을 방출한다. 활과 비슷한 원리를 사용하지만, 더 큰 나무나 금속 봉을 통해 훨씬 많은 에너지를 저장할 수 있다. 이를 통해 성벽과 같은 견고한 목표물에 강력한 충격을 가할 수 있었다.

무게추식 투석기는 투석기 중에서도 가장 효율적으로 에너지를 축적하고 방출하는 방식으로, 무거운 추를 들어 올려 위치에너지를 저장한 뒤, 추를 떨어뜨리며 발생하는 운동에너지를 지렛대 회전에 활용한다. 이 회전 에너지가 돌에 전달되어 강력한 운동에너지로 변환된다. 무게추가 더 무겁거나 높이 올라갈수록 더 많은 위치에너지를 축적할 수 있으며, 이를 통해 적에게 치명적인 공격을 가할 수 있다. 무게추식 투석기의 또 다른 장점은 축적된 에너지의 안정성과 예측 가능성에 있다. 탄성력을 이용하는 방식은 탄성계

수가 세월이나 날씨에 따라 변할 수 있어 효율성과 정확도에 영향을 줄 수 있다. 반면, 위치에너지는 환경 조건에 영향을 받지 않기 때문에 무기의 성능이 일정하게 유지되며, 이를 통해 공격의 정확도가 증가하는 효과를 얻을 수 있다. 이러한 에너지 변환의 안정성과 효율성 덕분에, 무게추식 투석기는 공성전에서 특히 강력한 공격력을 발휘했다.

이처럼 투석기는 에너지를 효율적으로 저장하고 방출하는 특성 덕분에 공성전에서 공격군의 핵심 무기로 자리 잡았다. 투석기를 활용해 성벽을 무너뜨리는 것은 단순히 물리적 피해를 가하는 것을 넘어, 방어군의 사기를 크게 떨어뜨리는 심리적 효과까지 가져왔다. 예를 들어, 13세기 몽골군은 중국의 성곽을 공략할 때 대형 투석기를 사용해 성벽을 효과적으로 파괴했으며, 이를 통해 방어군의 사기를 꺾고 신속하게 승리를 거두는 데 성공했다.

무게추식 투석기

무게추식 투석기의 구조에 대해 조금 더 자세히 살펴보자. 무게추식 투석기는 지렛대, 무게추, 투석 주머니, 지지대의 네 가지 주요 구성 요소로 이루어져 있다. 각각의 구성 요소는 투석기의 작동과 성능에 중요한 역할을 담당한다. 먼저, 지렛대는 투석기의 중심축 역할을 하는 긴 막대기로, 한쪽 끝에는 무게추가, 반대쪽 끝에는 투석 주머니가 연결되어 있다. 지렛대의 길이는 투석기의 사정거리와 파괴력을 결정짓는 핵심 요소로, 길이가 길수록 더 멀리, 더

무게추식 투석기의 모습. 지렛대 오른쪽에 붙어 있는 네모 모양의 물체가 무게추이다. 무게추가 더 무거울수록 더 많은 에너지를 축적할 수 있으며, 이는 돌을 더 멀리 던질 수 있게 한다. (출처: Luc Viatour, CC BY-SA 3.0)

강한 힘으로 돌을 던질 수 있다. 무게추는 지렛대의 한쪽 끝에 매달려 있는 무거운 물체로, 투석기의 에너지를 저장하는 역할을 한다. 무게추가 무거울수록 더 많은 위치에너지를 축적할 수 있으며, 이 에너지는 지렛대의 회전을 통해 운동에너지로 전환되어 돌을 멀리 던지는 데 사용된다. 투석 주머니는 지렛대의 반대쪽 끝에 연결된 부분으로, 던질 돌을 담는 역할을 한다. 강한 천이나 가죽으로 만들어진 주머니는 돌이 안정적으로 담기도록 설계되어 있다. 마지막으로, 지지대는 투석기를 지탱하는 구조물로, 지렛대가 원활히 회전할 수 있도록 돕는다. 지지대는 투석기의 무게와 작동 중에 발생하는 강한 압력, 무게추의 낙하로 인한 충격을 견딜 수 있도록 견고하게 설계되어야 한다.

무게추식 투석기의 작동 과정은 다음과 같다. 먼저 여러 사람이 힘을 모아 무게추를 높은 위치로 들어 올린다. 이 과정에서 무게추는 위치에너지를 축적한다. 위치에너지는 높은 곳에 있는 물체가 지니는 잠재적 에너지로, 이후 운동에너지로 변환된다. 무게추가 최대 높이에 도달하면, 지렛대의 한쪽 끝이 지면과 거의 수평이 되도록 고정된다. 이 상태에서 투석 주머니에 돌을 담아 발사 준비를 마친다. 발사는 무게추를 갑자기 해제하면서 시작된다. 무게추가 아래로 떨어지면서 위치에너지가 지렛대의 회전 운동으로 전환되고, 이 힘이 지렛대의 반대쪽 끝에 있는 돌을 빠르게 밀어 올린다. 지렛대가 회전하면서 돌이 투석 주머니에서 공중으로 날아가게 되고, 강력한 속도로 멀리 던져진 돌은 적의 성벽이나 요새에 치명적인 충격을 가한다.

무게추식 투석기는 이러한 원리를 통해 지렛대와 무게추를 이용해 에너지를 축적하고 순간적으로 발산함으로써, 당시 생체에너지 기반 무기 중 가장 강력한 무기로 평가받는다. 이후 화약 기술의 발전으로 생체에너지 기반 무기의 개발은 중단되었지만, 투석기는 에너지 축적과 방출의 혁신적 설계를 보여주는 대표적인 사례로 남아있다.

화학에너지(화약)

우리는 지금까지 칼, 활, 투석기와 같은 생체에너지 기반 무기에 대해 살펴보았다. 이 무기들은 인간의 힘을 동력으로 삼아 작동한다. 따라서 이러한 무기를 효과적으로 활용하려면 병력을 통해 생체에너지를 확보해야 했다. 총기가 발명되기 전인 중세 이전의 전쟁에서는 전장에 투입된 병력의 수가 승패를 좌우하는 절대적인 요소였다. 물론, 지휘관의 능력이나 무기의 성능도 전투 결과에 영향을 미쳤지만, 병력의 규모만큼 결정적인 요소는 아니었다.

　사회가 발전하고 삶이 풍요로워질수록 권력자들은 더 많은 영토와 자원을 얻기 위해 전쟁을 치렀다. 이에 따라 더 많은 병력을 동원하려는 노력도 필연적으로 증가했다. 그러나 병력을 모집하고 유지하는 데는 엄청난 자원과 에너지가 필요했고, 이 과정에서 한계에 부딪히는 경우가 많았다. 대규모 병력을 효과적으로 통제하고 필요한 순간에 정확히 행동하도록 조직화하는 것 역시 권력자들에게 큰 도전 과제였다.

　대표적인 사례로 도요토미 히데요시(豊臣秀吉, 1537~1598)를 들 수 있다. 그는 일본을 통일한 직후, 남아도는 병력을 유지하고 자신의 통제력을 강화하기 위해 조선을 침략했다. 통일 전쟁을 위해 조직된 병력을 흩어지지 않게 유지하고, 그들의 충성심을 확보하며 자신의 권력을 공고히 하는 것이 히데요시에게는 절실했다. 이러한 필요는 새로운 전쟁, 즉 조선 침략을 통해 해결하려는 시도로 이어졌다.

비슷한 사례는 제국주의 시대의 유럽 강대국들에서도 찾아볼 수 있다. 유럽의 강대국들은 군사적 우위를 유지하고 정치적 영향력을 확대하기 위해 아프리카와 아시아에 식민지를 건설하며 끊임없이 전쟁을 벌였다. 전쟁은 단순히 군사적 승리뿐만 아니라, 병력을 유지하고 통제하며 정치적 안정과 권력을 지속하는 데 중요한 수단이 되었다. 이러한 역사적 사례들은 병력의 통제와 유지를 위해 통치자들이 얼마나 많은 자원과 노력을 투입했는지를 잘 보여준다. 병력은 단순한 전투의 도구를 넘어, 통치자의 권력 유지와 정치적 영향력 확대를 위한 핵심 자원이었던 셈이다.

병력을 다루는 것은 과거에도 지금도 몹시 어려운 일이다. 사람은 각자 성격, 가치관, 감정, 경험이 다르기 때문에, 한 가지 접근법으로 모든 사람을 이해하고 통제하기는 불가능에 가깝다. 그럼에도 불구하고, 인간은 협력과 단결을 통해 단독으로는 이루기 힘든 목표를 성취할 수 있다. 유발 하라리(Yuval Noah Harari, 1976~현재)는 그의 저서 사피엔스(Sapiens)에서 '인간은 혼자서는 맹수를 이길 수 없지만, 여럿이 뭉치면 그 어떤 맹수도 인간 무리를 이길 수 없다'고 설명한다. 이는 인간 사회에서 협력과 집단의 힘이 얼마나 중요한지를 잘 보여준다. 이러한 특성 덕분에 인간은 지구를 지배할 수

살육의 과학

있었고, 지금도 끊임없이 협력하려는 노력을 지속하고 있다.

오늘날 국가들은 수천만 명에 이르는 사람들을 통제하고 질서를 유지하기 위해 대다수가 동의하는 최소한의 법을 제정하고, 이를 강제하기 위해 공권력을 투입한다. 이 시스템 덕분에 국가가 운영되고 있지만, 완벽하다고 볼 수는 없다. 사람들은 협력을 통해 강력한 에너지를 만들어낼 수 있지만, 이들을 하나로 뭉치게 하는 것은 여전히 쉬운 일이 아니다. 권력자들은 대규모 병력을 유지하는 어려움을 잘 알고 있었기 때문에, 적은 병력으로도 전투에서 승리할 방법을 끊임없이 모색해 왔다.

이제 전투에서 승리를 좌우하는 세 가지 요소(병력 수, 지휘관 능력, 무기 성능)를 다시 상기해 보자. 많은 병력을 모으는 일은 자원과 시간의 한계로 인해 쉽지 않으며, 지휘관의 능력을 단기간에 크게 향상시키는 것도 어렵다. 따라서 적은 병력으로 전투에서 승리하기 위해서는 성능이 뛰어난 무기의 지원이 필수적이다. 병사들이 에너지를 효과적으로 발산할 수 있는 무기를 손에 쥐는 것이 그 핵심이다. 이를 위하여 과거부터 현재까지 무기의 성능은 과학기술의 발전과 함께 끊임없이 향상되어 왔다. 무기 기술의 발전은 적은 병력으로도 전략적 우위를 확보할 수 있는 가장 현실적이고 효과적인 해결책으로 자리 잡았다.

하지만, 중세 시대까지는 과학기술의 발전이 더디게 이루어졌고, 그에 따라 무기 성능의 향상도 비교적 느렸다. 이러한 한계는 단순히 기술의 문제를 넘어 인간이 다룰 수 있는 에너지의 양과도 깊은 연관이 있었다. 인간의 신체를 기반으로 한 생체에너지는 축적과 발산의 측면에서 본질적인 제약이 있었기 때문이다. 즉, 기존 생체에너지 기반 무기는 에너지를 축적하기가 어려웠고, 축적된 에너지를 짧은 시간에 발산하는 능력 또한 제한적이었다. 아무리 투석기가 생체에너지를 저장하고 발산하는 데 있어 매우 효과적인 도구라 할지라도, 그 역시 저장할 수 있는 에너지와 발산할 수 있는 출력에는 한계가 있었다.

과학자들은 적은 병력으로도 강력한 전투 효과를 내기 위해 이러한 생체에너지의 한계를 극복하려고 노력했다. 인간은 오래전부터 생체에너지보다 더 많은 에너지를 방출할 수 있는 자원을 알고 있었다. 그것은 바로 불이다. 불은 물질이 산소와 반응하면서 열과 빛을 방출하는 화학 반응으로, 연소를 통해 막대한 에너지를 발산한다. 연소할 물질의 양을 조절하면 방출되는 에너지의 양과 출력도 제어할 수 있다. 이러한 특성 덕분에 불은 무기로서 엄청난 잠재력을 지니고 있다. 인간은 불을 활용하여 생체에너지의 한계를 극복하려는 시도를 끊임없이 이어왔다.

중국의 적벽대전(赤壁大戰, 208)은 불의 에너지를 활용해 전쟁의 판도를 바꾼 대표적인 사례로 꼽힌다. 이 전투에서 주유(周瑜, 175~210)와 제갈량(諸葛亮, 184~234)은 화공(火攻)을 이용해 조조(曹操, 155~220)의 대규모 군대를 물리쳤다. 주유는 조조의 목제(木製) 함선을 서로 연결하도록 유도해 불길이 효과적으로 퍼질 수 있는 조건을 만들었고, 제갈량은 동남풍을 이용해 연소에 필요한 산소를 공급했다. 이 화공 전술은 단순히 물리적 파괴를 넘어, 조조 군대의 사기를 크게 꺾고 전쟁의 주도권을 빼앗는 데 결정적인 역할을 했다. 적벽대전은 생체에너지의 한계를 넘어 외부 에너지를 얼마나 효과적으로 활용하느냐에 따라 전쟁의 결과가 달라질 수 있음을 보여주는 중

적벽대전은 삼국지에서 손권과 유비 연합군이 조조의 대군을 화공으로 무찌른 전투다. 주유는 조조의 선박을 서로 연결해 불이 효과적으로 퍼지도록 설계했고, 제갈량은 전설적으로 동남풍을 일으켜 화공이 성공하도록 돕는 중요한 역할을 했다. 불길은 묶인 배를 타고 빠르게 번졌으며, 조조 군대는 혼란에 빠져 대패했다. (출처: Image Generated using chatGPT with Dall-E)

요한 전환점이었다.

그러나 중세 시대 초반까지 불은 생체에너지 기반 무기만큼 널리 활용되지 못했다. 이는 불을 통제하고 예측하기가 어려웠기 때문이다. 불은 예상치 못한 방향으로 확산해 아군에게 피해를 줄 위험이 있었고, 바람, 습도, 지형 같은 환경 요인에 큰 영향을 받았다. 또한, 불을 사용하는 무기는 준비 과정에서 많은 시간이 소요되었으며, 기름과 점화 장치 같은 복잡한 장비와 자원이 필요했다. 이러한 이유로 전투의 긴박한 상황에서 신속히 대응하기 어려웠고, 비교적 단순하고 빠르게 동원할 수 있는 활, 창, 검 같은 전통적인 무기가 주로 사용되었다.

기술의 발전은 불의 활용 방식에도 큰 변화를 불러왔다. 특히 화약의 개발은 불의 에너지를 더욱 효율적이고 통제 가능한 형태로 무기에 활용할 수 있는 길을 열었다. 화약은 기존의 불과 달리 다루기 쉽고, 출력이 강력하며 짧은 시간 안에 에너지를 방출할 수 있었다. 또한, 오랜 시간 저장이 가능하고 이동이 용이했으며, 필요할 때마다 정확하고 신속하게 연소를 일으킬 수 있었다. 이러한 특성 덕분에 화약은 총과 포 같은 현대적 무기를 등장할 수 있게 했고, 불의 에너지를 무기에 활용하는 새로운 시대를 열었다. 화약의 발명은 불의 제약을 극복하고 물리적 에너지를 무기화하는 데 있어 혁신적이면서도 결정적인 계기가 되었다.

불사의 탐구가 낳은 치명적인 발명품: 화약

총은 인류 역사상 가장 중요한 발명품 중 하나로 꼽힌다. 재러드 다이아몬드(Jared Mason Diamond, 1937~현재)는 1997년 출간한 그의 책 총, 균, 쇠에서 총(guns), 균(germs), 쇠(steel)를 인류 역사의 중요한 변곡점을 설명하는 핵심 요인으로 제시했다. 그는 총과 같은 무기가 유럽인들이 다른 지역의 문명을 정복하고 지배하는 데 결정적인 역할을 했다고 주장했다. 기술의 발전으로 강력한 무기를 손에 넣은 유럽인들은 이를 통해 세계 곳곳에 큰 영향을 미쳤다고 보았다.

그렇다면, 재러드 다이아몬드는 왜 수많은 무기 중에서 총을 핵심 요인으로 선택했을까? 그는 총이 다른 무기들보다 효율적이고 파괴력이 컸기 때문에 인류 역사에 지대한 영향을 미쳤다고 설명한다. 칼, 활, 투석기와 같은 전통적인 무기들과 비교해 총은 어떤 점이 달랐을까?

총은 개인이 휴대할 수 있는 무기라는 점에서 칼이나 활과 유사하다. 그러나 에너지 관점에서 보면 총은 기존의 개인 무기들과 근본적으로 차이가 있다. 칼과 활은 모두 생체에너지를 기반으로 작동한다. 사용자는 자신의 힘을 직접 사용하거나 그 힘을 축적해 적을 공격한다. 그러나 이러한 방식은 에너지의 절대량이 제한적일 수밖에 없다.

생체에너지 기반 무기는 에너지를 방출하는 속도 역시 제한적이었다. 아무리 건장한 사람이라 해도 근육이 생산할 수 있는 에너지의 양은 한계가 있으며, 이 에너지를 방출하는 속도 또한 느리다. 게다가, 생체에너지를 계속 생산하려면 충분한 식사와 휴식이 필요하고, 심리적 상태에 따라서도 에너지 생산량이 크게 달라질 수 있다. 이러한 생체에너지의 한계는 전투에서 비효율성으로 이어졌다.

결국, 인간은 무기의 근간이 되는 에너지를 생체에너지의 한계를 뛰어넘어 더 강력하고 지속 가능한 형태로 전환하고자 했다. 총은 이러한 필요를 충족시키는 획기적인 무기로, 화약을 이용해 단시간에 에너지를 방출함으로써 기존의 무기들과는 차원이 다른 파괴력을 제공했다. 특히 화약은 인간이 생체에너지의 한계를 극복하고 훨씬 강력한 에너지를 사용할 수 있도록 만든 혁신적인 발명품이었다.

화약(火藥)이라는 단어는 '불 화(火)'와 '약품 약(藥)'의 조합으로, 문자 그대로 '불의 약'을 뜻한다. 여기서 '불'은 화약의 폭발력과 화력

흑색화약은 주로 숯, 유황, 초석으로 만들어진다. 숯은 탄소의 공급원으로 화약의 연료 역할을 한다. 유황은 연료와 결합제로, 연소 온도를 낮추고 연소를 촉진하는 역할을 한다. 초석은 산화제로, 산소를 제공하여 다른 성분들이 빠르게 연소할 수 있도록 도와준다. (출처: Lord Mountbatten, CC BY-SA 3.0)

을, '약'은 이를 구성하는 화학 물질을 상징한다. 화약은 산화제와 연료가 빠르게 화학 반응을 일으키며 순간적으로 에너지를 방출함으로써 강력한 폭발력을 만들어낸다. 이처럼 화약은 인간이 자신의 생체에너지 한계를 넘어 훨씬 더 큰 에너지를 제어할 수 있게 해주었다. 이를 통해 생체에너지로는 불가능했던 강력한 공격이 가능해졌으며, 힘이 약한 사람조차도 덩치가 큰 상대를 손쉽게 제압할 수 있는 도구를 갖게 되었다.

무기 기술에 혁명적인 변화를 불러온 화약은 중국에서 처음 발명되었다. 초기의 화약은 그 독특한 색깔 때문에 '흑색화약'이라 불렸다. 흑색화약은 주로 숯, 유황, 초석으로 구성되며, 각 성분은

살육의 과학

고유한 역할을 담당한다. 숯은 탄소를 공급하는 연료로 작용하며, 화약의 검은색을 만들어내는 주요 원인이다. 유황은 연료이자 결합제로서 연소 온도를 낮추고 연소 속도를 촉진한다. 초석은 산화제로서 산소를 공급해 다른 성분들이 빠르게 연소할 수 있도록 돕는다. 이 세 가지 재료를 적절한 비율로 혼합해 흑색화약이 만들어지며, 단순한 재료와 원리로 이루어졌음에도 불구하고 화약은 전쟁의 양상과 인간의 전투 방식을 근본적으로 변화시키는 데 크게 기여했다.

그러면 화학 공장이 없던 옛날에는 이 재료들을 어디서 어떻게 구했는지를 알아보도록 하자. 화약의 주요 원료인 유황, 초석, 숯 중에서 가장 쉽게 구할 수 있었던 재료는 숯이었다. 숯은 나무를 태워 간단히 얻을 수 있었기에 비교적 접근성이 좋았다. 반면, 유황과 초석은 상대적으로 구하기 어려운 재료였다. 특히 유황은 흑색화약의 필수 원료일 뿐만 아니라 약재, 방부제, 살충제 등 다양한 용도로 사용되었다. 이러한 쓰임새 때문에 유황은 중요한 자원으로 여겨졌고, 여러 지역에서 적극적으로 채굴되었다.

유황은 주로 화산 활동이 활발한 지역에서 자연적으로 생성되었다. 화산 근처에서는 유황이 기체 상태로 분출된 뒤 냉각되면서 노란색 고체 결정체로 침전되었다. 이러한 특성 덕분에 유황은 화산 지역에서 쉽게 발견되고 채취되었다. 이탈리아의 시칠리아섬, 일본, 인도네시아 등 화산 활동이 잦은 지역에서는 유황 채굴이 활발히 이루어졌다. 채굴된 유황은 정제 과정을 거쳐야만 실용적으로 사용할 수 있었다. 자연 상태의 유황은 불순물이 많았기 때문에, 이를 제거하고 순수한 유황을 얻기 위해 다양한 정제 방법이 사용되

화산 지역에서 황을 채취하는 모습. 이탈리아 시칠리아섬, 일본, 인도네시아 등 화산 활동이 활발한 지역에서는 화산 가스에서 응축된 황을 채굴해왔다. 이러한 작업은 화산열을 에너지 원으로 활용하여 자연에서 얻을 수 있는 귀중한 자원을 수집하는 방식이다. 유황은 화약, 의약품, 비료 등 다양한 용도로 사용되며, 이러한 채굴은 산업 발전에도 중요한 역할을 했다. (출처: Candra Firmansyah, CC BY-SA 4.0)

었다. 가장 널리 쓰인 방법은 유황을 가열하여 승화시키는 방식이었다. 이 과정에서 고체 상태의 유황은 기체로 변하고, 이를 냉각하면 순수한 유황 결정체가 형성되었다. 정제 과정은 불순물을 제거해 순도 높은 유황을 얻는 데 필수적이었다.

유럽에서는 중세와 르네상스 시대를 거치면서 유황 채굴과 정제가 더욱 체계적으로 이루어졌다. 특히 시칠리아섬은 유럽 내 유황의 주요 공급지 중 하나로, 이곳에서 채굴된 유황은 다양한 용도로 활용되었다. 아프리카와 아시아에서도 유황 채굴이 이루어졌으며, 무역을 통해 전 세계로 공급되었다.

조선 시대에도 유황은 중요한 자원으로 여겨졌다. 국내에서는 함

살육의 과학

경도와 경상도의 일부 지역에서 유황이 채굴되었는데, 이들 지역은 과거 화산 활동이 있었거나 온천으로 유명한 곳이었다. 그러나 국내에서 채굴한 유황만으로는 수요를 맞추기 어려웠다. 이를 보완하기 위해 조선은 중국과 일본과의 무역을 통해 유황을 수입했다. 특히 일본은 유황이 풍부한 지역이 많아 조선에 유황을 공급하는 주요 국가 중 하나였다. 또한, 조선은 명나라와 청나라를 통해서도 유황을 안정적으로 수입했으며, 이러한 무역을 통해 화약 제조에 필요한 유황을 꾸준히 확보할 수 있었다.

초석은 자연에서 형성된 특정 장소에서 채취되었다. 따뜻하고 건조한 기후를 가진 동굴, 지하 저장고, 축사 등은 초석이 생성되기 좋은 환경이었다. 이러한 장소에서는 박테리아가 유기물을 분해하면서 질산염을 생성하고, 그 질산염이 칼륨과 결합해 초석을 형성했다. 초석은 이러한 과정에서 흰 결정체 형태로 나타났고, 이를 채집해 사용했다.

초석은 자연 채취 외에도 인공적으로 제조할 수 있었다. 중세 유럽에서는 대규모 초석 생산을 위해 '질산소(niter bed)'라는 시설을 운영했다. 이 시설에서는 동물의 배설물, 썩은 식물, 석회, 흙을 섞어 큰 더미를 만들고 일정 기간 발효시켰다. 발효 과정에서 박테리아가 유기물을 분해하며 질산염을 생성했고, 이 질산염이 칼륨과 결합해 초석이 되었다. 이러한 방식으로 인공적으로 초석을 제조할 수 있었지만, 시간과 노력이 많이 소요되는 과정이었다. 자연 채취와 인공 제조 모두 번거롭고 어려운 작업이었지만, 초석은 화약 제조에 필수적인 재료였기에 이러한 과정을 통해서라도 초석을 확보할 수밖에 없었다.

숯, 유황, 초석만 있으면 누구나 쉽게 화약을 만들 수 있을 것 같지만, 실제로는 그렇지 않다. 화약 제조는 고급 요리를 만드는 것과 비슷하다. 요리사가 최고의 맛을 내기 위해 오랜 시간 조리법을 연구하듯, 흑색화약도 혼합 비율과 제조 방법에 관한 정교한 연구가 필요하다.

2008년 개봉한 영화 '신기전'은 주인공과 그의 동료들이 신기전을 개발하기 위해 화약을 연구하는 과정을 생생하게 그려낸다. 주인공 홍리와 설주는 화약의 성분과 비율을 맞추기 위해 수많은 실험을 반복하며 도전에 나선다. 처음에는 기존의 제조법을 따르지만, 원하는 성능을 얻지 못하자 원료와 배합 비율을 조정하며 끊임없이 시도한다. 실험실에서는 크고 작은 폭발과 화재 같은 위기가 발생하지만, 홍리와 그의 팀은 포기하지 않고 세심한 조정을 거듭한 끝에 마침내 최적의 화약을 완성한다. 이로써 신기전의 성능을 극대화하며, 혁신적인 무기의 탄생을 이끌어낸다. 영화는 이러한 연구와 개발 과정을 통해 화약 제조가 얼마나 복잡하고 도전적인 과정인지를 흥미롭게 보여준다.

여기까지의 이야기를 보면, 흑색화약을 발견한 사람은 정말로 위대한 업적을 이룬 것이라 생각된다. 재료를 구하기도 어렵고 조제법도 까다로운 흑색화약은 누가, 언제, 어떻게 발견했을까? 현재까지 알려진 바에 따르면 흑색화약의 기원을 찾으려면 약 9세기경 당나라 시대로 거슬러 올라가야 한다. 사실 흑색화약의 발견은 장수와 불사의 꿈과 관련이 있다. 당시 중국의 연금술사들은 불로장생(不老長生)과 불사(不死)의 약을 찾기 위해 다양한 화학 실험을 진행하고 있었다. 이 과정에서 유황, 숯, 초석과 같은 물질들을 혼합하여

살육의 과학

실험한 결과, 특정 비율로 혼합된 이들이 불에 닿았을 때 폭발적인 반응을 일으킨다는 것을 발견하게 되었다. 이 혼합물은 빠르게 연소하며 큰 소리와 함께 폭발했는데, 이는 이전에 경험해보지 못한 놀라운 현상이었다. 이렇게 우연히 발견된 것이 바로 흑색화약이다.

연금술사들은 흑색화약의 강력한 폭발력을 발견한 후 이를 다양한 용도로 탐구하기 시작했다. 초기에는 주로 불꽃놀이와 같은 오락적 목적으로 사용되었으나, 곧 군사적 잠재력을 깨닫게 되었다. 이후 흑색화약은 실크로드를 통해 서양으로 전파되었다. 흥미롭게도, 불로장생을 꿈꾸던 연구에서 발견된 흑색화약은 이후 인간의 생명을 단축하는 무기로 가장 널리 쓰이게 되었다.

화약이 처음 발견되었을 당시, 중국은 안정적인 중앙집권 체제 아래 강력한 황제를 중심으로 동양 세계를 이끌고 있었다. 반면 서양은 다수의 국가가 경쟁하며 치열한 세력 다툼을 벌이고 있었다. 이런 상황에서 중국에서 전파된 흑색화약은 서양 권력자들에게 단순한 발명을 넘어선 충격을 안겨주었다. 당시 권력자들은 병력은 줄이고 무기 성능을 향상해 전투에서 승리할 방법을 끊임없이 모색하고 있었다. 생체에너지에 의존하던 시대에는 무기 성능의 한계가 명확했지만, 흑색화약은 이 한계를 뛰어넘는 가능성을 제시했다. 흑색화약을 처음 접한 권력자들은 이를 통해 적은 병력으로도 상대를 제압할 수 있는 강력한 무기가 될 것을 직감했다. 흑색화약은 단순히 새로운 에너지원이 아니라, 병력 투입 문제를 해결하고 전투의 판도를 완전히 바꿀 잠재력을 가진 혁신이었다.

결과적으로, 유럽의 주요 국가들은 흑색화약을 살상 도구로 적극

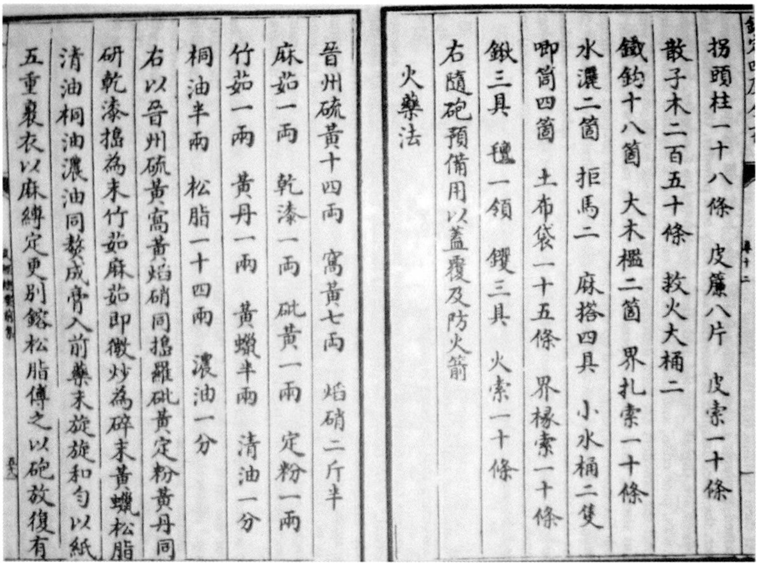

拐頭柱一十八條 皮簾八片 皮索一十條
散子木二百五十條 救火大桶二
鐵鈎十八箇 大木檻二箇 界扎索一十條
水濃二箇 拒馬二 麻搭四具 小水桶二隻
唧筒四箇 土布袋一十五條 界椽索一十條
鍬三具 氈一領 鑁三具 火索一十條
右隨砲預備用以蓋覆及防火箭
火藥法
晉州硫黃十四兩 窩黃七兩 焰硝二斤半
麻茹一兩 乾漆一兩 砒黃一兩 定粉一兩
竹茹一兩 黃丹一兩 黃蠟半兩 清油一分
桐油半兩 松脂一十四兩 濃油一分
右以晉州硫黃窩黃焰硝同擣羅砒黃定粉黃丹同
研乾漆擣爲末竹茹麻茹即微炒爲碎末黃蠟松脂
清油桐油濃油同熬成膏入前藥末旋旋和匀以紙
五重裹衣以麻縛定更別鎔松脂傅之以砲放復有

화약의 가장 오래된 제조법은 1044년 중국 북송(北宋) 왕조에서 펴낸 군사 서적 『무경총요(武經總要)』에 기록되어 있다. 이 책에는 질산칼륨, 숯, 황을 혼합하여 폭발물을 만드는 방법이 상세히 기술되어 있으며, 이는 화약의 초기 제조법으로 여겨진다. 『무경총요』는 화약의 군사적 활용 가능성을 최초로 체계적으로 언급한 문헌으로, 이후 군사기술의 발전에 큰 영향을 미쳤다. (출처: Public Domain, Wikimedia Commons)

적으로 활용하기 시작했다. 흑색화약을 기반으로 한 무기는 빠르게 발전했고, 이는 곧 총과 포와 같은 강력한 화기 발명으로 이어졌다. 이러한 화학에너지를 기반으로 한 무기들은 전쟁의 양상을 혁신적으로 변화시켰고, 군사적 우위를 점하기 위한 핵심 수단으로 자리 잡았다. 재러드 다이아몬드가 자신의 저서 총, 균, 쇠에서 이러한 역사의 흐름을 꿰뚫어 본 것은 어쩌면 당연한 일일지도 모른다. 흑색화약은 단순한 발견을 넘어, 전 세계의 역사를 새롭게 쓰는 데 기여한 발명품이었다.

화약 원리

왜 서방세계의 권력자들은 화약이 전투에 유용하다고 생각했을까? 나무가 타는 것과 화약이 타는 것의 차이는 무엇이며, 왜 화약이 살상에 더 효과적일까? 이 질문에 답하려면 연소 현상을 조금 더 깊이 들여다볼 필요가 있다.

연소란 연료와 산소가 반응해 에너지를 방출하는 화학적 과정이다. 예를 들어, 캠핑의 하이라이트인 모닥불을 떠올려 보자. 나무는 공기 중의 산소와 반응하며 열과 빛을 방출하지만, 불을 붙이고 유지하는 과정은 느리고 제어도 어렵다. 열의 확산 속도도 빠르지 않다. 그렇다면 왜 나무의 연소 반응은 이렇게 느릴까?

그 이유는 공기 중의 산소가 나무와 만날 수 있는 장소가 제한적이기 때문이다. 나무는 연소에 필요한 충분한 연료를 가지고 있지만, 산소와 접촉할 수 있는 영역은 나무의 표면에 국한된다. 나무 내부에 있는 연료는 산소와 만나지 못하기 때문에 연소 반응에 참여하지 못한다. 이처럼 나무의 연소는 산소와의 접촉 면적이 적고, 반응이 표면에서만 일어나기 때문에 느리게 진행된다.

반면, 화약은 연소를 위한 산화제(초석)와 연료(숯, 유황)가 미세하게 혼합된 상태로, 입자 하나하나가 산소와 연료를 동시에 포함하고 있다. 이로 인해 연소 반응이 일어나는 면적이 극대화되며, 반응 속도가 기하급수적으로 빨라진다. 이러한 차이가 바로 화약이 전투에서 강력한 효과를 발휘하는 이유다.

이러한 과학적 원리를 더 쉽게 이해하기 위해 비유를 들어보자. 남자(연료) 1,000명과 여자(산소) 1,000명이 소개팅을 한다고 가정해

화약의 원리는 소개팅으로 설명할 수 있다. 남녀 2,000명이 소개팅을 할 때, 테이블 1,000 개와 각 테이블당 좌석이 2개가 있다고 생각해보자. 그러면 남녀 1,000쌍이 동시에 소개팅 하는 것이고, 그만큼 소개팅의 속도도 빨라 연인으로 이어질 확률도 높아진다. (출처: Image Generated using chatGPT with Dall-E)

보자. 만약 테이블이 하나뿐이라면 모든 쌍이 만나는 데 시간이 오 래 걸릴 것이다. 하지만 테이블이 1,000개라면 모든 쌍이 동시에 만날 수 있어 훨씬 빠르게 진행될 것이다. 흑색화약도 비슷한 원리 로 작동한다. 흑색화약은 연료 분말과 산화제 분말이 균일하게 혼 합된 뒤 압축된 알갱이 형태로 만들어진다. 이 때문에 연료 입자 바로 옆에 산소가 항상 존재하게 된다. 그래서 흑색화약이 점화되 면 연료가 산소와 즉각적으로 결합해 단시간에 막대한 에너지를 방출할 수 있다. 이는 일반적인 연소보다 훨씬 높은 출력을 가능하 게 한다.

이제 다시 생체에너지로 돌아가 보자. 앞에서 살펴본 화약의 연소 원리를 이해했다면, 생체에너지가 왜 출력이 낮은지 그 이유를 쉽게 알 수 있을 것이다. 인간의 생체에너지 방출 과정은 화약처럼 빠르고 단순하지 않다. 인간은 소화, 호흡, 혈액순환, 신경 전달, 근육 수축 및 이완 등 여러 복잡한 과정을 거쳐 에너지를 천천히 방출한다. 인간의 몸은 섭취한 음식을 소화해 포도당 등 영양소로 분해한 뒤, 이를 세포로 흡수해 에너지를 생성한다. 세포 내의 미토콘드리아는 이 영양소를 산소와 결합시켜 ATP[4]를 생성한다. ATP는 세포의 연료 역할을 하며, 분해될 때 화학에너지를 방출한다. ATP는 아데노신과 세 개의 인산 그룹으로 이루어져 있는데, 인산 그룹 간 결합이 끊어질 때 에너지가 방출된다. 이 에너지는 근육 수축, 세포 분열, 신경 신호 전달 등 다양한 생명 활동에 쓰여 세포가 기능을 수행하게 한다.

미토콘드리아에 필요한 산소는 호흡을 통해 공급된다. 폐에는 '허파꽈리'라는 수많은 공기주머니가 있어, 산소가 혈액 속 적혈구에 쉽게 결합할 수 있다. 심장은 산소가 포함된 혈액을 온몸으로 순환시키며, 세포 활동에 필요한 산소를 공급한다. 즉, 인간은 음식을 통해 연료를 얻고, 호흡을 통해 산소를 받아 이를 결합시켜 생체에너지를 생성하는 복잡한 과정을 거친다. 결론적으로, 인간의 에너지 방출 과정은 흑색화약처럼 즉각적이지 않다. 대신 생명 유지와 안정성을 우선시하도록 진화해 왔다.

---

[4] ATP(Adenosine Triphosphate, 아데노신삼인산)는 세포 내에서 에너지를 저장하고 전달하는 분자이다.

그렇다면 인간의 생체에너지 방출 속도를 높이는 것이 가능할까? 실제로 인간의 몸은 필요에 따라 생체에너지 방출 속도를 조절할 수 있는 메커니즘을 가지고 있다. 걷다가 달리면 숨이 가빠지고 심장이 더 빨리 뛰며, 세포는 산소를 더 많이 공급받아 에너지를 효율적으로 생성한다. 심지어 산소가 부족한 상황에서는 무산소 대사를 통해 빠르게 ATP를 생성하기도 한다. 하지만 이러한 생체에너지 방출 속도의 증가는 단기적인 상황에서만 효과적이다. 전투에 참여하는 병사의 전투력을 극적으로 향상시키기 위해 24시간 동안 쉬지 않고 심장을 빠르게 뛰게 하는 것은 현실적으로 불가능하다. 이는 신체에 큰 부담을 주며, 장기적으로는 몸을 손상시킬 수 있다.

2011년 개봉한 영화 '캡틴 아메리카: 퍼스트 어벤저(Captain America: The First Avenger)'에서는 주인공 스티브 로저스(Steve Rogers)가 슈퍼 솔저(Super Soldier) 혈청을 맞아 신체 능력이 극적으로 향상되며 캡틴 아메리카로 변신하는 장면이 나온다. 영화 속에서 슈퍼 솔저 혈청은 신진대사 속도를 극대화해 근력, 속도, 지구력을 강화한다. 이를 비유하자면, 일반적인 사람의 출력이 '불(火)' 수준이라면, 슈퍼 솔저 혈청을 맞은 사람의 출력은 '화약' 수준이라고 할 수 있다.

그러나 현실에서 생체에너지 방출 속도가 이렇게 극적으로 증가한다면, 신체의 힘과 속도는 늘어나겠지만 그만큼 신체에 가해지는 스트레스와 부작용도 커질 것이다. 과도한 에너지 방출은 신체를 손상시키거나 노화5)를 촉진할 수 있으며, 장기적으로는 심각한

---

5) 캡틴 아메리카의 설정에 따르면, 노화 속도가 극도로 느려져 그의 육체는 오랜 시간 동안 젊은 상태를 유지한다.

화약은 압력에 의한, 운동에너지에 의한, 열에 의한 방식으로 목표물에 피해를 주거나 타격을 가한다. 이러한 방식은 각각 독립적으로, 혹은 조합되어 목표를 효과적으로 파괴하는 데 사용된다. (출처: Public Domain, Wikimedia Commons)

건강 문제를 초래할 수 있다. 그럼에도 불구하고, 인간의 생체에너지 방출을 극대화하려는 시도는 실제로 여러 국가에서 이루어져 왔다. 특히 전쟁과 같은 극한 상황에서는 군인의 신체적, 정신적 한계를 극복하려는 노력이 과학 연구와 기술 개발로 이어졌다.

이제 다시 흑색화약 이야기로 돌아가 보자. 흑색화약의 높은 출력은 사람을 어떻게 치명적으로 해칠 수 있을까? 흑색화약은 세 가지 주요 방식으로 살상에 사용될 수 있다. 첫째, 압력에 의한 살상이다. 화약이 연소하면서 단시간에 많은 양의 가스를 생성하는데, 이 가스는 공간을 빠르게 확장하려 한다. 가스의 발생 속도가 공간에 퍼지는 속도보다 빠르면 압력이 축적되어 폭발이 일어난다. 이로 인해 발생한 높은 압력은 물체나 사람에게 치명적인 충격을 가할 수 있다. 둘째, 물질의 운동에너지에 의한 살상이다. 화약이 폭발할 때 주변의 금속 같은 물체가 강력한 힘으로 날아가면서 피해를 줄 수 있다. 폭발에 의해 가속된 물질은 높은 운동에너지를 가지며, 이 원리를 활용한 것이 바로 '총'과 '포' 같은 무기다. 셋째, 열에 의한 살상이다. 화약이 폭발하면서 발생하는 고온의 열은 주변 물체를 태우거나 사람에게 심각한 화상을 입힐 수 있다.

결론적으로, 화약 무기는 기존의 무기보다 훨씬 강력한 화학에너지를 사용해 단 한 번의 폭발로 막대한 파괴력을 발휘한다. 게다가 화약은 장기간 보관이 가능하고, 먼 거리로 운반하기 쉬웠으며, 지휘관의 전략에 따라 효율적으로 배분할 수 있다. 이러한 특성 덕분에 화약 무기는 전투에서 결정적인 역할을 하게 되었고, 전통적인 전투 방식을 크게 변화시켰다. 특히 초기 화약 무기 중 하나인 대포는 적의 성벽을 무너뜨리고 방어선을 돌파하는 데 절대적인 우위를 제공했다. 이로 인해 전쟁에서 대규모 병력의 중요성은 점차 감소했고, 대신 소수의 정예 병력과 강력한 화약 무기가 목표를 달성하는 데 훨씬 효과적인 수단으로 자리 잡았다. 전쟁은 점점 더 효율성을 추구하게 되었으며, 기술과 과학이 전쟁의 승패를 좌우하는 핵심 요소로 부상했다.

화약의 도입으로 촉발된 이러한 변화는 단지 과거의 전쟁에만 국한되지 않았다. 화약 무기의 영향력은 오늘날까지 이어지며, 현대 전쟁의 전략과 양상에도 깊은 영향을 미치고 있다. 이는 화약이 단순한 무기 이상의 존재로, 인류 역사에서 전쟁과 문명의 발전에 있어 중요한 전환점을 제공했음을 보여준다.

역사를 바꾼 혁신적 무기: 총과 포

화약의 화학적 에너지는 생체에너지와 본질적으로 다르지만, 둘 다 생명체를 위협할 수 있는 공통점을 지닌다. 생체에너지를 활용한 살상 도구는 칼이고 화학에너지를 활용한 살상 도구는 총과 포 (총포)이다. 칼과 총포는 서로 다른 에너지원에 의존하지만, 에너지를 전환하고 발산해 살상 목표를 달성한다는 점에서 유사하다.

총포가 살상 도구로 중요한 이유를 이해하려면 열역학의 핵심 개념인 '엔트로피(Entropy)'를 알아야 한다. 엔트로피는 시스템의 무질서도나 불확실성을 나타내며, 자연계에서는 항상 증가하는 경향이 있다. 예를 들어, 얼음은 고체 상태일 때 물 분자들이 규칙적으로 배열되어 있어 엔트로피가 낮다. 하지만 녹아서 물이 되면 분자들이 자유롭게 움직이며 무질서도가 증가해 엔트로피가 높아진다. 화약 폭발도 마찬가지다. 폭발 전의 화약은 에너지가 응축된 질서 있는 상태로 엔트로피가 낮지만, 폭발이 일어나면서 에너지가 열, 빛, 압력 등의 형태로 여러 방향에 방출되며 무질서도가 급격히 증가한다.

일반적으로 총포는 배럴(barrel, 총신)과 화약을 이용해 발사체를 멀리 날려 보내기 위한 무기이다. 배럴은 긴 파이프 형태로 내부가 매끄럽게 가공되어 있으며, 화약 폭발로 발생한 에너지를 특정 방향으로 방출해 목표를 정확히 타격하도록 돕는다. 배럴 내부에서의 폭발은 일반적인 공간에서의 폭발과 달리 에너지 방출 방향이 통제된다. 이를 통해 무질서한 에너지 분산이 억제되고, 목표물에 집중된 에너지가 전달된다.

배럴은 화약 연소로 발생한 열이 압력으로 전환되도록 만들어 준다. 내부에 갇힌 열은 기체를 팽창시켜 압력을 높이며, 이 압력은 발사체를 빠르게 추진한다. 매끄러운 내부 표면은 발사체의 방향을 안정적으로 유지시키고, 마찰에 의한 손실을 최소화한다. 공허한 공간에서의 화약 폭발과 비교하면, 배럴을 이용한 화약 폭발은 엔트로피 증가(무질서도의 증가)를 감소시킬 수 있다. 결론적으로 총포는 배럴의 구조적 특징을 통해 화약의 폭발 에너지를 효율적으로 활용하는 살상 도구다. 그럼 이제 총과 포의 차이를 생각해보자. 두 무기는 화약과 배럴을 사용한다는 공통점이 있지만, 크기와

1차 세계대전 당시 소총 배럴을 가공하는 여성 노동자의 모습. 소총 배럴은 강력한 화약의 폭발력을 견디며 정확한 탄도를 유지해야 하므로, 제작 과정에서 높은 기술력과 정밀성이 요구된다. 특히, 배럴의 내구성과 균일성을 확보하기 위해 정밀한 드릴링과 가공 기술이 필수적이었다. 이러한 장면은 전쟁 당시 노동자들이 첨단 무기 제작에 기여한 중요한 역할을 보여준다. (출처: Public Domain, Wikimedia Commons)

살육의 과학

구조, 발사 메커니즘에서 차이가 있다. 총은 개인이 휴대할 수 있는 소형 화기로, 빠르고 정확한 사격을 목적으로 설계되었다. 총의 탄약은 추진제 화약과 발사체가 하나로 결합한 일체형 구조다. 탄약의 추진제 화약이 연소하면서 발생하는 고온 고압의 가스가 발사체를 밀어내고, 배럴 내부의 나선형 홈(강선)이 발사체에 회전력을 부여한다. 이 회전력은 발사체의 비행 안정성을 높이고, 공기저항에 의한 운동에너지 손실을 최소화한다. 반면, 포는 강력한 폭발력을 이용해 발사체를 먼 거리로 보내도록 설계된 무기다. 포의 발사체와 추진제 화약은 각각 삽입되며, 화약이 연소하면서 발생하는 폭발력으로 발사체를 밀어낸다. 발사체는 포의 배럴을 통과하며 회전을 얻는 점에서 총과 원리가 유사하지만, 포는 일반적으로 더 큰 발사각을 통해 곡선 궤도로 발사체를 비행시키도록 설계된다. 이는 중력과 탄도 궤적을 활용해 장거리 목표물을 타격하기 위함이다.

에너지 관점에서 보면, 총과 포는 사용하는 화약의 양과 그로부터 발생하는 에너지에서 큰 차이를 보인다. 총은 1~5g의 소량 화약을 사용하며, 소구경 탄약을 통해 목표를 타격한다. 반면, 포는 대구경 포탄을 발사하기 위해 1~10kg 이상의 화약을 사용한다. 이러한 차이는 단순히 화약의 무게를 넘어, 발생하는 에너지의 규모와 무기 설계에서 결정적인 차이를 만든다. 총은 상대적으로 작은 폭발력을 견딜 수 있도록 설계된 반면, 포는 강력한 폭발력을 감당할 수 있도록 두꺼운 포신과 고강도 재료로 제작된다. 이로 인해 포는 더 무겁고 이동이 어려운 단점이 있지만, 그 강력한 파괴력은 전투에서 결정적인 역할을 한다.

화약의 폭발력을 통제하고 효과적으로 활용하려는 시도는 오래 전부터 이어졌지만, 이를 견딜 수 있는 배럴을 제작하기까지는 많은 시간이 필요했다. 9세기 중반 중국에서 화약이 처음 발견된 이후, 13세기 후반에는 초기 형태의 포가 등장하며 금속 배럴이 사용되기 시작했다. 이러한 기술은 실크로드를 통해 서양으로 전파되었고, 유럽에서는 14세기 초부터 화약 무기에 배럴이 본격적으로 도입되었다. 그러나 당시 금속 가공 기술의 한계와 화약 품질의 불균일성으로 인해 문제가 빈번했다. 예를 들어, 1571년 레판토 해전에서는 함선에 탑재된 포가 압력을 견디지 못하고 폭발하는 일이 자주 발생했다. 이러한 문제를 해결하기 위해 재료와 제작 기술을 꾸준히 발전시켰다. 초기에는 주철과 청동이 주로 사용되었지만, 19세기 중반 강철이 도입되면서 포의 내구성이 크게 향상되었다. 제작 방식도 큰 변화를 겪었다. 초기의 주조 방식에서 벗어나, 산업혁명 이후 선반과 밀링 머신 같은 정밀 공작 기계가 도입되며 배럴은 더욱 정교하게 제작되었다. 또한, 열처리와 냉각 기술로 강도를 강화하고, 배럴 외부에 금속 링을 덧씌워 압력을 균등하게 분산시키는 방법이 개발되면서 배럴의 성능이 한층 향상되었다.

　돌이켜보면 이러한 변화는 단순한 기술적 발전을 넘어선다. 더 많은 화약을 효과적으로 다루기 위해서는 폭발의 압력을 견딜 수 있는 튼튼한 배럴이 필수적이며, 이를 제작하는 데는 막대한 에너지가 필요하다. 이 에너지는 단순히 물리적 열이나 동력에 그치지 않고, 금속의 정밀 가공, 열처리, 그리고 설계 과정에서 요구되는 기술적 노력과 혁신을 포함한다. 예를 들어, 강철 배럴을 제작하려면 철광석을 고온에서 제련하고, 이를 정밀하게 가공하기 위한 첨단 공작 기계가 필요하다.

결국, 무기의 성능을 향상하기 위해서는 더 많은 에너지가 투입될 수밖에 없다. 이는 칼에서 총포로 이어지는 무기 발전 과정에서 일관되게 관찰되는 원리이자, 기술과 에너지 자원의 상호작용을 보여주는 사례다. 더 강력한 무기를 만들기 위해서는 소모되는 에너지가 필연적으로 증가하며, 이는 현대 무기 개발에서도 여전히 유효한 원칙이다. 성능이 뛰어난 무기를 개발하려면 수준 높은 과학기술이 뒷받침되어야 하고, 이에 따라 더 많은 인적, 물적 자원과 에너지가 요구된다.

총포의 단짝: 탄약

탄약(彈藥, ammunition)은 군사적 목적으로 무기에 장착되어 표적을 공격하는 폭발성 물질을 포함한 장비나 물질을 의미한다. '탄(彈)'은 발사체를, '약(藥)'은 화약이나 폭발물을 뜻한다. 영어로는 'ammunition'이라고 하며, 이는 라틴어 'munitio'에서 유래된 단어로 '방어 수단'을 의미한다. 이후 이 단어는 전투에서 공격과 방어에 사용되는 물자를 포괄하는 개념으로 발전했다. 일반적으로 탄약은 총포에 삽입되는 화약과 발사체를 일체로 묶어 지칭한다.

총포는 일반적으로 배럴(총신)과 탄약으로 구성되며, 이는 활과 화살의 관계와 유사하다. 배럴은 발사체를 목표에 정확히 도달하도록 유도하고, 탄약은 발사체와 이를 움직이는 에너지를 제공한다. 발사체는 배럴을 통과하는 동안 추진제로부터 에너지를 받아 속도를 얻는다. 오랜 전쟁의 역사를 거치며 총포와 탄약은 꾸준히 개선되어 현재의 형태에 이르렀다. 병사는 재사용 가능한 배럴과 소모성 탄약을 활용해 신속하고 정확하게 적을 제압할 수 있는 효과적인 무기를 손에 넣었다.

탄약은 발사체와 추진제로 구성되며, 일체형 또는 분리형으로 설계된다. 발사체는 목표를 직접 타격하는 부분으로, 보통 강철이나 합금 같은 단단한 재료로 제작된다. 추진제는 주로 화약으로 이루어지며, 연소 과정에서 발생하는 에너지를 발사체의 운동에너지로 전환한다. 탄약의 핵심 목적은 발사체를 빠르고 정확하게 목표에 도달시켜, 적군 병사부터 장갑차, 항공기, 군사 시설 등 다양한 목표물을 파괴하거나 무력화하는 것이다.

탄약의 발전 과정에서 무기 공학자들은 목표물의 특성과 전술적 요구에 맞춰 물리적 타격 효과를 극대화하는 설계를 연구해왔다. 그 결과, 현대 군사에서 사용하는 탄약은 크게 세 가지 원리를 기반으로 작동한다. 첫 번째는 발사체의 무게와 속도를 이용한 운동에너지 방식으로, 이는 가장 단순하고 기본적인 원리다. 발사체가 빠르게 움직이며 축적된 운동에너지는 목표물에 닿을 때 강력한 충격으로 전환된다. 이러한 방식은 소총, 전차포, 함포 등에서 사용되며, 단단한 장갑을 관통하거나 목표물을 물리적으로 파괴하는 데 효과적이다.

두 번째 방식은 발사체가 목표물에 도달하자마자 폭발해 내부 화약의 에너지로 금속 외피를 파편으로 분산시키는 방식이다. 폭발로 생성된 파편은 빠른 속도로 사방으로 퍼지며 넓은 범위에 피해를 준다. 이 방식은 자주포 포탄이나 파편탄에 사용되며, 적군이 밀

살육의 과학

105㎜ M119 곡사포에 탄약을 장전하는 모습이다. 제일 왼쪽 병사가 어깨에 메고 있는 것은 발사체로, 곡사포의 배럴을 통해 발사된다. 중간에 있는 병사가 꺼내는 것은 분말형 추진제로, 발사체의 추진력을 제공한다. (출처: Public Domain, Wikimedia Commons)

집된 지역에서 특히 효과적이다.

　세 번째 방식은 폭발로 생성되는 메탈 제트를 이용한 관통 방식이다. 발사체가 목표물에 도달해 폭발하는 과정까지는 앞의 방식과 비슷하지만, 파편을 생성하는 대신 고온의 메탈 제트를 만든다. 이 제트는 빠른 속도로 장갑을 관통하며 내부를 파괴한다. 이 방식은 성형작약탄에 사용되며, 장갑차나 강화된 콘크리트 구조물을 무력화하는 데 매우 효과적이다. 폭발 에너지가 한 방향으로 집중되기 때문에 높은 관통력을 발휘하며, 단단한 목표물을 타격하는 데 특히 적합하다.

　현대 군사에서 사용되는 탄약 대부분은 기본적으로 이 세 가지

원리에 기반해 설계된다. 공학자들은 무기체계가 사용될 전장 환경과 목표물의 특성에 따라 적합한 작동 방식을 선택해 탄약을 개발해 왔다. 이제부터 이 세 가지 탄약 방식에 대해 자세히 알아보자.

운동에너지탄

운동에너지탄(Kinetic Energy Penetrator)은 발사체의 운동에너지를 이용해 목표물을 관통하고 파괴하는 무기다. 주로 전차와 같은 중장갑 차량을 상대하는 데 사용되며, 발사체를 높은 속도로 발사해 극대화된 운동에너지로 장갑을 관통한다. 이름에서 알 수 있듯이, 운동에너지탄의 성능은 발사체의 속도, 밀도, 형상에 의해 좌우된다.

운동에너지탄의 기본 원리는 단순하다. 운동에너지는 뉴턴의 운동 법칙에 따라 $E=1/2mv^2$으로 계산된다. 여기서 E는 운동에너지, m은 질량, v는 속도를 의미한다. 뉴턴 공식에서 알 수 있듯이, 속도가 두 배가 되면 운동에너지는 네 배로 증가하므로, 운동에너지탄은 속도를 극대화하는 설계가 핵심이다. 예를 들어, K2 전차에는 120mm 포가 장착되어 있다. 이 포에서 발사되는 운동에너지탄의 발사체는 질량이 5kg이고, 비행 속도는 1,500m/s에 이르도록 설계되었다. 이 경우 발사체의 운동에너지는 약 5,625,000J(5.63MJ)에 달한다. 이는 1kW짜리 전기 기기를 약 1시간 34분 동안 사용할 수 있는 에너지에 해당한다. 발사체는 목표물과 충돌하며 이 에너지를 순식간에 전달해 강력한 파괴력을 발휘한다.

운동에너지탄의 에너지원은 추진제 화약이지만, 실제 장갑을 관통하는 에너지는 발사체가 가진 운동에너지에서 나온다. 화약의 화학에너지는 배럴을 통해 발사체의 운동에너지로 변환된다. 공학자들은 발사체가 목표물에 도달할 때까지 운동에너지가 최대한 유지되도록 설계하며, 도달 순간 에너지를 집중시켜 장갑을 관통하고 파괴하도록 만든다. 이러한 설계로 인해 운동에너지탄은 장갑을 뚫는 과정에서 폭발하지 않는다. 이는 성형작약탄처럼 화약의 폭발력을 직접 활용하는 방식과 본질적으로 다르다.

운동에너지탄은 전차가 전장에 등장하면서 개발되기 시작했다. 초기 전차는 두꺼운 장갑으로 보병 화기로 상대하기 어려웠고, 이를 무력화하기 위해 높은 관통력을 가진 무기가 필요했다. 1차 세계대전 동안에는 강철로 만든 단순한 철갑탄이 사용되었지만, 강철의 밀도가 낮고 발사 속도가 충분하지 않아 두꺼운 장갑을 관통하는 데 한계가 있었다. 2차 세계대전이 시작되면서 전차 장갑이 점점 두꺼워졌고, 관통력이 더 높은 무기의 필요성이 대두되었다.

이 시기 독일은 고밀도 금속인 텅스텐을 활용한 APCR[6]탄을 개발했다. 텅스텐은 강철보다 밀도가 약 2.5배 높아 같은 크기의 발사체라도 더 무겁고 관통력이 뛰어났다. 그러나 APCR탄은 발사 속도가 충분하지 않아 성능에 한계가 있었다. 이러한 한계를 극복하기 위해 APDS[7]탄이 개발되었다.

---

6) Armor-Piercing Composite Rigid
7) Armor-Piercing Discarding Sabot

사봇(sabot) 분리 지점의 APFSDS탄의 비행 모습이다. APFSDS탄은 날탄형 관통자로 이루어진 관통탄으로, 사봇은 발사 초기 안정성을 제공하다가 공기저항을 줄이기 위해 분리된다. 그림은 분리된 사봇 파편과 고속으로 날아가는 날탄의 모습을 보여준다. 이는 운동에너지 기반 관통의 핵심 메커니즘을 잘 보여준다. (출처: Public Domain, Wikimedia Commons)

APDS탄은 발사체에 사봇(Sabot)을 씌운 상태로 발사된다. 사봇은 발사체가 배럴에 밀착되도록 하여 추진제의 에너지를 효율적으로 전달한다. 발사체는 사봇 덕분에 추진제의 압력을 더 효과적으로 받아 더 높은 속도로 비행한다. 발사체가 배럴을 떠나는 순간 사봇은 공중에서 분리되고, 발사체는 가벼워진 무게와 좁은 단면적 덕분에 높은 속도를 유지하며 비행할 수 있다. 이러한 설계는 APDS탄의 관통력을 크게 향상시켰다. 하지만 APDS탄조차도 점점 더 두꺼워지고 진화하는 전차의 장갑을 완벽히 관통하기에는 한계가 있었다.

살육의 과학

이후 개발된 APFSDS[8]탄은 현재 운동에너지탄의 최첨단 형태다. 이 탄은 핀(fin) 안정 방식과 사봇 분리 설계를 통해 직선 비행의 안정성을 유지하면서도 관통력을 극대화했다. 특히 핀 안정 방식은 발사체 뒤쪽에 부착된 날개 모양의 핀이 공기 저항을 최소화하고 비행경로를 안정적으로 유지하도록 설계된 기술이다. 이러한 핀은 발사체가 회전하지 않고도 균형을 유지하며 직선으로 비행할 수 있도록 돕는다[9]. 이는 발사체[10]가 가진 운동에너지를 최대한 효율적으로 목표물에 전달하기 위함으로, 회전으로 인한 에너지 손실을 줄이고 관통력을 극대화하는 데 기여한다. 핀 안정 방식 덕분에 APFSDS탄은 장거리에서도 높은 정확도와 직선 비행을 유지하며, 목표물을 효과적으로 관통할 수 있다.

이러한 운동에너지탄의 장점은 폭발 없이도 강력한 관통력을 제공한다는 점이다. 운동에너지탄은 발사체가 가진 운동에너지를 활용해 목표물의 장갑을 관통하며, 현대 전차의 복합 장갑에 대해서도 높은 성능을 발휘한다. 예를 들어, APFSDS탄은 2km 떨어진 거리에서 약 500~600mm의 균질압연장갑(RHA)[11]을 관통할 수 있

---

8) Armor-Piercing Fin-Stabilized Discarding Sabot
9) APFSDS탄은 날개를 이용해 비행 안정성을 유지하므로 강선에 의한 회전이 필요하지 않다. 이 탄을 발사하려면 강선이 없는 활강포가 사용된다. 활강포는 강선으로 인한 마찰을 줄이고, 회전에 의한 에너지 손실이 없기 때문에 발사체가 더욱 빠른 속도로 비행할 수 있다.
10) '날아가는 관통자'라는 의미로 '날탄'이라고 부르기도 한다.
11) 균질압연장갑(RHA, Rolled Homogeneous Armor)은 전차와 군용 차량에 사용되는 강철 장갑재로, 균질한 특성을 가지도록 압연과 열처리를 통해 제작된다. 강도와 내구성이 뛰어나 다양한 형태의 충격과 관통에 저항할 수 있다. RHA는 현대 복합 장갑이나 ERA(Explosive Reactive Armor)와 비교해 단순하지만, 여전히 군사 방어력 평가의 표준 기준으로 활용된다.

다. 일부 최신형 APFSDS탄은 1km 거리에서 700mm 이상의 RHA를 관통하는 것으로 알려져 있다. 이는 목표물의 방어 수준과 거리에 따라 달라질 수 있지만, 기존 방식보다 훨씬 뛰어난 관통력을 제공한다. 또한, 발사체가 직선에 가깝게 날아가므로 정밀한 타격이 가능하며, 좁은 면적에 압력을 집중시켜 목표물을 효과적으로 무력화할 수 있다. 그러나 목표물과의 거리가 멀어지면 발사체의 속도가 감소하면서 관통력이 크게 떨어진다. 또한, APFSDS탄은 발사체 내부에 화약이 없어 폭발 효과를 기대할 수 없기 때문에, 장갑이 없는 목표물에 대해서는 성형작약탄처럼 강력한 파괴력을 발휘하지 못하는 한계가 있다.

파편탄

파편탄(Shrapnel)은 한 번의 폭발로 넓은 범위의 적을 제압하기 위해 설계된 군사 무기다. 운동에너지탄이나 성형작약탄처럼 에너지를 한곳에 집중시켜 특정 목표물을 강력하게 타격하는 방식과 달리, 파편탄은 폭발 에너지를 넓게 분산시켜 다수의 대상을 동시에 공격한다. 이 같은 특성 덕분에 파편탄은 적군이 밀집한 전장에서 효과적인 무기로 평가받는다.

파편탄은 신관(fuze), 고폭화약, 그리고 금속 파편으로 구성된다. 파편은 주로 금속 구슬이나 작은 금속 조각들로 이루어져 있으며, 고폭화약의 폭발로 고속으로 사방에 퍼지도록 설계되었다. 경우에 따라 금속 외피가 폭발과 함께 파편으로 분해되기도 한다. 신관은

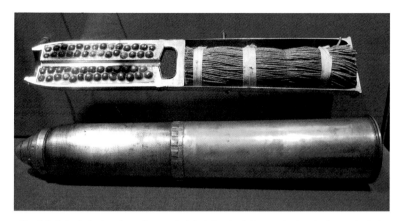

1차 세계대전 당시 영국의 18파운드 파편탄이다. 이 탄약은 포탄 내부에 쇠구슬과 화약을 채워 적 병력이나 장비에 파편 피해를 주기 위해 설계되었다. 포탄이 공중에서 폭발하면 내부의 쇠구슬이 고속으로 흩어져 광범위한 살상 효과를 발휘한다. (출처: Public Domain, Wikimedia Commons)

고폭화약이 폭발하는 순간을 제어한다. 예컨대 충격 신관이 장착된 파편탄은 지면과의 충돌 시 폭발해 파편을 넓게 흩뿌린다.

그래서 파편탄은 적이 밀집한 상황에서 특히 효과적이다. 참호와 같이 특정 지역에 적이 모여 있을 때, 단 한 발로 다수의 적을 제압할 수 있다. 폭발 반경 내의 대상을 광범위하게 타격할 수 있어 이동 중인 목표물에 대해서도 효과적이며, 정밀한 조준이 필요하지 않아 신속한 대응이 요구되는 전투 상황에서도 높은 실용성을 발휘한다. 실제로 1차/2차 세계대전과 한국전쟁에서 파편탄은 총보다 훨씬 더 많은 사상자를 발생시켰다.

하지만 파편탄은 단점도 존재한다. 파편이 모든 방향으로 퍼지기 때문에 민간인 피해를 유발할 가능성이 있으며, 도시 지역이나 민간이 밀집한 장소에서는 예상치 못한 피해를 초래할 수 있다. 또한, 파편의 살상력은 퍼지는 범위와 속도에 의존하기 때문에, 폭발 지점에서 멀리 떨어진 대상에게는 효과가 미미할 수 있다. 따라서 파편탄은 특정 조건에서 효과적이지만, 모든 상황에서 이상적인 선택지는 아닐 수 있다.

파편탄을 엔트로피 관점에서 바라보면, 그 무기가 얼마나 무섭고 잔인한 살상 도구인지 새롭게 이해할 수 있다. 앞서 설명했듯이, 배럴은 엔트로피 증가를 억제해 발사체를 한 방향으로 날아가게 만드는 도구이다. 배럴과 같이 대부분의 도구는 엔트로피 증가를 억제하도록 설계되었을 때 좋은 도구로 평가받는다. 그러나 반대도 있다. 파편탄은 폭발을 통해 질서 정연했던 상태(탄 내부의 화약과 금속 구슬)를 극도로 무질서한 상태(모든 방향으로 흩어지는 파편)로 변화시킨다. 즉, 파편탄은 엔트로피 증가와 함께 공간으로 분산되고 흩어지는 에너지를 활용해, 적을 치명적으로 살상할 수 있는 적절한 수준의 파편을 만들어 다수의 적군을 효과적으로 제거하는 도구이다.

대체로 엔트로피 증가를 억제하도록 설계된 무기는 정밀한 타격에 사용된다. 반대로, 엔트로피 증가를 활용하는 무기는 광범위한 피해와 대량의 혼란을 일으키는 데 사용된다. 이러한 무기는 적에게 직접적인 파편 피해를 가할 뿐만 아니라 심리적 공포를 유발해 적의 조직력과 전투력을 약화시킨다. 그러나 엔트로피가 높은 무기는 적의 사망뿐만 아니라 민간인 피해 가능성을 크게 증가시킨다는 점에서 심각한 윤리적 문제를 제기한다. 이는 엔트로피 기반 무기의 사용이 단순히 물리적 현상을 넘어 사회적·윤리적 딜레마로 이어질 수 있음을 시사한다. 결국, 엔트로피를 활용한 무기의 사용은 전략적 선택임과 동시에 예측하기 어려운 피해와 혼란을 수

반하는 복잡한 문제를 안고 있다.

파편탄의 개념은 단순히 우연히 등장한 것이 아니라, 18세기 후반 체계적인 설계와 발명을 통해 발전했다. 1784년, 영국 군인 헨리 슈랩넬(Henry Shrapnel, 1761~1842)은 적군에게 더 큰 피해를 줄 수 있는 무기를 구상하며 파편탄을 고안했다. 그는 폭발 시 금속 파편을 넓은 범위로 퍼뜨려 다수의 적을 동시에 공격할 수 있는 무기를 설계했으며, 이 무기는 '슈랩넬탄'으로 불리게 되었다. 슈랩넬은 탄 내부에 화약과 금속 구슬을 넣어 폭발 시 파편이 효과적으로 퍼지도록 설계했고, 이는 현대 파편탄의 개념을 정립한 중요한 발명으로 평가받는다.

슈랩넬탄은 19세기 초 영국군에 의해 실전에 사용되었다. 나폴레옹 전쟁(1803~1815) 동안 영국군은 이 무기를 통해 적군에게 큰 피해를 줬다. 특히 1804년에는 영국군의 표준 무기로 채택되었으며, 1815년 워털루(Waterloo) 전투에서는 밀집된 보병 부대에 치명적인 타격을 입히며 전장에서 효과를 입증했다. 당시 파편탄은 대포를 통해 발사되어 공중에서 폭발하며 넓은 범위에 파편을 퍼뜨리는 방식으로 사용되었다.

이후 파편탄은 미국 남북전쟁(1861~1865)에서도 널리 사용되었다. 북군과 남군 모두 이 무기를 활용해 밀집된 적군을 공격했으며, 보병과 기병의 움직임을 방해하고 방어선을 약화하는 데 크게 기여했다. 넓은 범위로 퍼지는 파편은 적군의 방어선을 쉽게 무력화할 수 있었으며, 이는 전술적 우위를 확보하는 데 중요한 역할을 했다.

성형작약탄

배럴은 추진제 화약의 폭발력을 이용해 탄을 빠르고 멀리 보내는데 중요한 역할을 한다. 배럴을 활용하여 발사되는 운동에너지탄은 발사체의 속도가 증가할수록 파괴력이 커진다. 이를 위해 배럴 내부에 더 많은 화약을 투입해야 한다. 화약량이 증가하면 폭발력도 향상돼, 발사체에 더 많은 운동에너지가 전달되고 속도가 빨라지기 때문이다. 그러나 화약의 폭발력이 너무 강하면 배럴의 압력 상승에 의한 파손 문제가 발생한다. 이 문제를 해결하기 위해 무기 공학자는 배럴의 재료와 설계를 개선했지만, 여전히 배럴 내부에 투입할 수 있는 화약량은 한계가 있었다.

이와 동시에 전차의 방호력이 점점 강화되면서 운동에너지탄만으로는 먼 거리에서 위치한 전차를 효과적으로 파괴하기 어려웠다. 이에 따라 발사체의 속도에 의존하지 않고 장갑을 관통할 수 있는 탄약이 필요해졌고, 성형작약탄이 개발되었다.

성형작약탄은 주로 배럴을 통해 발사되지만, 미사일이나 항공 폭탄 형태로 배럴 없이도 사용될 수 있다. 성형작약탄 내부에는 두 가지 타입의 화약이 사용된다. 하나는 발사체의 운동에너지를 제공하는 추진제이고, 다른 하나는 목표물을 관통하는 데 사용되는 고폭화약이다. 성형작약탄은 추진제를 이용해 발사체를 목표물까지 이동시킨 뒤, 발사체가 목표물에 도달하면 내부의 고폭화약이 폭발하여 장갑을 관통하도록 설계되었다. 이 기술 덕분에 발사체의 속도가 느리더라도 두꺼운 장갑을 효과적으로 뚫을 수 있다.

성형작약탄의 기본 원리는 1888년 미국의 화학자 먼로(Charles

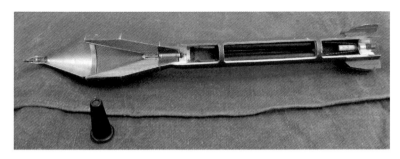

성형작약탄의 구조를 보여주고 있는 RL-83. 화약을 꼬깔콘 모양으로 성형하고, 그 위에 관통자(liner)라고 불리는 얇은 금속판을 배치한다. 성형작약이 폭발하면, 화약의 열과 압력에 의해 관통자가 순간적으로 녹아 고속으로 밀려 나간다. (출처: Antarmike, CC BY-SA 4.0)

Edward Munroe, 1849~1938)에 의해 발견되었다. 먼로는 폭발물과 화학적 반응을 연구하던 중, 폭발물이 움푹 파인 구조를 가질 때 폭발 에너지가 특정 방향으로 집중된다는 사실을 관찰했다. 이 현상은 '먼로 효과(Munroe Effect)'로 명명되었으며, 이후 폭발 에너지를 효율적으로 활용하는 기술의 기초가 되었다.

현대의 성형작약 기술은 이 먼로 효과를 기반으로 발전했다. 성형작약탄은 원추형(꼬깔콘)으로 설계되어, 폭발 시 열과 압력이 얇은 금속판(관통자, liner)에 작용하여 이를 고온의 반(半)유체 상태로 변환시킨다. 이로 인해 형성되는 메탈 제트(metal jet)는 8,000~10,000m/s로 발사되며, 최대 200GPa의 압력을 생성하여 강철판이나 두꺼운 장갑을 관통할 수 있다.

먼로 효과도 물리학적으로 엔트로피와 밀접하게 연결되어 있다. 일반적으로 폭발은 에너지가 무작위로 흩어지며 엔트로피가 급격히 증가하는 과정이다. 그러나 먼로 효과는 폭발 에너지를 특정 방향으로 집중시켜, 에너지의 분산을 최소화한다. 이는 배럴에서 가스가 좁은 구멍을 통해 압축된 에너지를 발사체의 운동에너지로 전환시키는 과정과 유사하다. 하지만 두 기술 사이에는 중요한 차이점이 있다. 배럴에서는 화학에너지가 먼저 열과 기체를 생성한 뒤, 그 압력을 활용해 발사체를 가속하는 복잡한 과정을 거친다. 반면, 성형작약은 폭발 에너지가 직접 금속판(관통자)에 작용해 고온의 메탈 제트를 형성하므로, 에너지가 물리적 관통력으로 전환되는 과정이 더 단순하고 즉각적이다. 이 차이는 배럴이 발사체의 운동에너지를 생성하는 데 중점을 두는 반면, 성형작약은 폭발 에너지를 직접적으로 특정 물체를 관통하는 데 사용하는 점에서 나타난다.

2차 세계대전 동안 독일은 이 원리를 군사 기술로 발전시켜 성형작약탄을 설계했다. 판처파우스트(Panzerfaust)와 판처슈렉(Panzer-schreck)은 이러한 기술을 적용한 대표적인 무기로, 소련의 T-34 전차와 같은 강력한 적 장갑에 대응하기 위해 사용되었다. 이 무기들은 독일군의 대전차 전력 강화에 크게 기여했다.

사실, 성형작약 기술이 적용된 더 잘 알려진 무기가 따로 있다. 그것은 바로 액션 영화에서 자주 볼 수 있는 RPG-7[12]이다. 구소련에서 개발된 RPG-7은 성형작약탄을 탑재한 휴대용 대전차 무기로, 간단하면서도 강력한 성능 덕분에 전 세계적으로 널리 사용되었다. 이 무기는 '알라의 요술봉'이라는 별명으로도 불리며, 중동

---

12) 러시아어 Ручной Противотанковый Гранатомёт에서 따온 것으로, 영어로는 Handheld Anti-Tank Grenade Launcher를 의미한다. 'RPG'는 핸드헬드 대전차 유탄발사기라는 뜻이며, '7'은 이 무기가 해당 계열의 7번째 버전임을 나타낸다.

RPG-7은 성형작약탄 구조를 가진 휴대용 무기로, '알라의 요술봉'이라는 별명을 가질 정도로 미군을 상대하는 국가들에서 널리 사용되는 대표적인 무기다. 이 무기는 구소련에서 개발되었으며, 단순하면서도 강력한 성능 덕분에 다양한 전장에서 효과적으로 사용되고 있다. (출처: Public Domain, Wikimedia Commons)

지역의 군사 단체들이 미군 전차와 장갑차에 효과적으로 대응하는 데 사용되었다. RPG-7은 단순한 설계와 뛰어난 기동성을 갖추고 있어 도시 전투와 비대칭 전투에서 큰 효과를 발휘했다. 좁은 골목이나 건물 사이에서도 쉽게 운용할 수 있어, 기동성이 중요한 상황에서 특히 유리했다. 또한, 상대적으로 약한 무장으로도 전차나 장갑차에 치명적인 타격을 줄 수 있어 게릴라 및 반군 조직에서 주요 무기로 활용되었다.

　RPG-7의 성공은 성형작약 기술이 전차와 같은 중장갑 목표물을 상대하는 데 얼마나 중요한지를 입증했다. 1980년대 아프가니스탄 전쟁에서는 무자헤딘(Mujahideen)[13] 전사들이 RPG-7을 사용해 소련군의 전차와 장갑차에 치명적인 타격을 가하며, 비대칭 전투에서의 효용성이 다시 한번 확인되었다. 이후 성형작약 기술은 휴대용 대전차 무기, 대전차 미사일, 폭발 관통탄 등 다양한 무기체계에 통합되며 현대 군사 기술의 필수 요소로 자리 잡았다.

---

[13] 무자헤딘은 아랍어로 '성전을 수행하는 사람들'을 의미하며, 일반적으로 이슬람교를 수호하거나 확장하기 위해 싸우는 이슬람 전사들을 지칭한다.

화석 연료와 내연기관

화약의 도입은 전쟁의 양상을 근본적으로 변화시켰다. 칼과 창에 의존했던 중세의 전투는 이제 총과 포가 주력 무기로 자리 잡으면서 새로운 국면을 맞이했다. 화약 기반 무기는 전장의 파괴력을 극대화하며, 병사와 군대 전체에 더 큰 타격을 입히게 했다. 화약의 폭발력은 기존의 무기와는 차원이 달랐으며, 전투의 방식은 빠르게 변모했다. 더 많은 병사가 전장에서 희생되었고, 한 번의 충돌이 가져오는 파괴력은 훨씬 강력해졌다.

　그러나 총과 포가 도입되었음에도 전투가 벌어지는 장소에는 큰 변화가 없었다. 여전히 전장은 주로 넓은 평지에 한정되었다. 이는 지휘관들이 병사, 전쟁 장비, 말을 통제하기에 가장 적합한 공간이 평지였기 때문이다. 평지는 대규모 병력과 장비를 효율적으로 배치하고 이동할 수 있는 여건을 제공했고, 군사 자원을 한곳에 모아 배치하는 데 유리했다. 또한, 군대를 이동시키거나 장비를 운반하는 과정에서 소모되는 에너지를 최소화할 수 있었기에, 평지가 전장의 최적지로 선택되었다.

당시의 전투는 시간을 절약하고 에너지를 아끼는 방식으로 짧고 굵게 치러졌다. 지휘관에게는 어렵게 모은 병력과 장비를 대기시키는 것 자체가 부담이었고, 대기 시간이 길어질수록 보급해야 할 에너지도 더 많이 필요했다. 군대는 그 존재 목적상 자원을 소비하기만 할 뿐, 자원을 생산하지 않는다. 이 때문에 중세 시대의 전투는 에너지를 절약하면서 상대에게 최대한의 타격을 주기 위해 특정 시간에 맞추어 단기간 내에 압축적으로 진행되는 경우가 많았다. 이는 지휘관의 신속한 결단과 병사들의 치열한 희생이 필요한 구조였으나, 당대의 제한된 에너지 자원과 교통수단을 고려한 최선의 전략이었다.

이러한 특성은 밀집된 지역에 거주하는 일반 시민들이 전투의 중심에서 비교적 벗어나게 만드는 결과를 가져왔다. 전투는 주로 병사와 지휘관들의 문제로 여겨졌으며, 일반 시민들은 직접적인 피해를 피할 수 있는 경우가 많았다. 그들은 자신의 마을이나 성에서 멀리 떨어진 곳에서 벌어지는 전투 상황에 대해 거의 알지 못했으며, 전투가 끝난 뒤 전쟁터에 다녀온 병사들의 이야기를 통해서야 결과를 접할 수 있었다. 또한, 군대의 느린 이동 속도는 전투의 영향이 주변 지역으로 빠르게 확산되는 것을 억제하는 역할을 했다.

그러나 산업혁명과 함께 상황은 급격히 변화했다. 영국에서 시작된 산업혁명은 화석 연료의 대량 사용과 증기기관을 비롯한 동력 장치의 발전을 끌어냈다. 이전까지는 인간이나 말과 같은 생체에너지에 의존하던 운송 수단이 석탄과 기계 동력을 기반으로 새로운 형태로 진화했다. 이 새로운 에너지원은 전쟁의 판도를 완전히 바꾸었다. 병력과 장비는 이전보다 훨씬 빠르게 전장에 도달할 수

독일 글라드바흐(Gladbach)를 지나가는 M4 셔먼(Sherman) 전차. 내연기관과 화석 연료의 등장은 전차와 같은 기동 병기를 탄생시켜 전투의 공간을 전선에서 시민 거주 지역으로 확장시켰다. 이는 군사 기술의 발전이 민간 공간에 끼친 영향을 잘 보여준다. (출처: Public Domain, Wikimedia Commons)

있었고, 평지나 특정 장소에 얽매이지 않고 다양한 지형에서 작전을 펼칠 수 있는 전략적 유연성을 가지게 되었다.

결론적으로, 화석 연료의 활용은 전투의 이동성과 지속성을 획기적으로 향상시켰다. 내연기관, 철도, 선박 등의 교통수단은 전장에 신속하게 에너지를 공급하여 더 오랜 시간 동안 전투를 지속할 수 있게 했고, 병력의 빠른 재배치도 가능하게 했다. 이제 군대는 특정 지점에 국한되지 않고 넓은 범위에서 작전을 펼칠 수 있게 되었다. 전투는 상호 합의로 한날한시에 치러지는 것이 아니라, 시작과 끝이 정해지지 않은 채 전략과 전술에 따라 유연하게 진행되었다.

이러한 변화로 인해 전투의 범위는 기존의 전장에서 시민들이 거주하는 지역으로까지 확대되었다. 산업화된 국가들이 군사 작전을 위해 대규모로 자원을 동원하면서 전투의 규모는 더욱 커졌고, 전장은 시민들의 생활 공간에까지 영향을 미치게 되었다. 일반 시민들은 더 이상 안전한 거주지에 머무를 수 없었으며, 전투의 직간접적인 위험에 노출되기 시작했다. 전쟁은 국가 전체의 자원을 총동원하는 형태로 변모했고, 이로 인해 모든 국민이 전쟁의 영향을 피할 수 없는 상황에 놓이게 되었다. 소규모 전투조차도 시민들에게 실질적인 피해를 초래하는 일이 점차 빈번해졌다.

화약이 전쟁의 본질을 바꾸었다면, 산업혁명은 전쟁의 규모와 지속성을 크게 확대했다. 전투는 이제 특정 군대나 지휘관의 전술적 승패에 그치는 것이 아니라, 국가 전체가 자원을 총동원하여 한계를 시험하는 총력전의 양상을 띠게 되었다. 국가의 산업적 역량과 경제적 자립도는 군사력의 강약을 결정짓는 핵심 요소로 자리 잡았으며, 전쟁의 승패는 단순한 전술적 우위가 아니라 국가의 체계적이고 조직적인 준비와 자원 관리 능력에 달려 있었다. 산업화와 화석 연료 기반의 군사 시스템 도입은 전쟁의 경계를 확장해 후방 지역까지 영향을 미치게 했다. 이로 인해 '도망가도 피할 곳이 없다'는 표현이 현실로 다가온 시대가 도래했다.

태양의 선물: 화석 연료

화석 연료와 화약은 모두 화학적 에너지를 저장하고 있다는 점에서 공통점이 있다. 화석 연료와 화약 모두 화학적 에너지가 특정 상

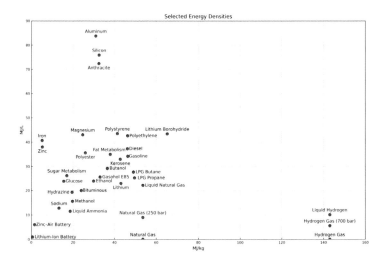

연료 종류별 에너지 밀도를 나타낸 그래프. 화석 연료인 가솔린과 디젤은 다른 연료에 비해 자연에서 쉽게 구할 수 있고, 높은 에너지 밀도를 제공하며, 저장과 이동이 용이하다. 이러한 특성 덕분에 군대에서 여전히 주된 연료로 사용되고 있다. (출처: Public Domain, Wikimedia Commons)

태로 유지되다가, 적절한 조건에서 화학 반응을 통해 그 에너지를 방출한다. 이러한 관점에서 본다면, 두 에너지원은 비슷한 원리로 작동한다. 그러나 이들 사이에는 본질적인 차이가 있으며, 이는 '접근성의 차이'와 '처리 과정의 복잡성'으로 설명할 수 있다.

먼저 접근성의 차이를 살펴보자. 화석 연료는 자연 상태에서 쉽게 구할 수 있는 자원이다. 석유, 석탄, 천연가스 등은 지하에 대규모로 매장되어 있으며, 비교적 간단한 과정을 통해 채굴하고 사용할 수 있다. 이는 전쟁에서 중요한 요소로 작용했다. 이전의 에너지원, 예를 들어 생물학적 에너지(말이나 사람의 노동)나 화약은 준비와 가공에 많은 시간과 노력이 필요했다. 반면 화석 연료는 대량으로 채굴할 수 있고, 비교적 간단한 정제 과정을 거친 후 바로 사용할 수 있어 전쟁에서 빠르고 효율적인 에너지 공급 방법으로 떠올랐다.

반면 화약은 자연 상태에서 바로 사용할 수 있는 물질이 아니다. 화약을 제조하기 위해서는 여러 단계를 거쳐야 한다. 질산염, 유황, 목탄 등의 재료를 구해 혼합하고, 이를 일정한 비율로 섞어야만 비로소 화약이 만들어진다. 당시에는 순도가 높고 균질한 재료를 확보하기조차 쉽지 않았으며, 재료의 무게를 정확히 측정하고 균일하게 혼합하는 과정은 많은 시간과 노력이 필요했다.

또한, 화약은 사용 방법이 제한적이다. 주로 폭발물이나 포탄의 추진제로 사용되며, 순간적인 폭발 에너지를 방출하는 데 집중된다. 반면 화석 연료는 폭발보다는 연소를 통해 지속적으로 에너지를 공급하는 방식으로 사용된다. 이는 화석 연료가 주로 내연기관에서 동력을 생산하는 데 활용된다는 점에서 명확히 드러난다. 내연기관은 연료를 태워 지속적으로 동력을 발생시키며, 전쟁에서 차량, 항공기, 군함 등 다양한 기계 장비를 움직이는 데 필수적인 역할을 했다.

결국, 화석 연료의 등장은 무기의 구조와 이를 활용한 전술에 근본적인 변화를 불러왔다. 자연에서 쉽게 얻을 수 있고 대량으로 사용할 수 있는 화석 연료는 기존 에너지원보다 효율적이었으며, 지속적으로 에너지를 공급할 수 있었기에 빠르게 무기에 적용되었다. 이로 인해 전투 속도는 급격히 빨라졌고, 전장의 범위가 확장되었으며, 전술에도 혁신적인 변화가 일어났다. 무기는 여전히 살상과 파괴를 위해 화약을 사용했지만, 이동과 작전을 위해서는 화석 연료에 의존하기 시작했다. 화약과 화석 연료의 차이를 이해하고 이를 무기에 적용함으로써 무기의 구조는 크게 변모했으며, 이러한 변화는 새로운 전술의 등장으로 이어졌다.

이동의 변혁: 산업혁명

영국에서 시작된 산업혁명은 인간과 말과 같은 생체에너지를 이용한 이동 수단이 석탄과 석유 같은 화석 연료를 사용하는 이동 수단으로 대체되는 전환점이었다. 이 변화는 단순히 이동의 속도와 효율성을 높이는 데 그치지 않고, 사회, 경제, 군사 전반에 걸쳐 깊은 영향을 미쳤다.

산업혁명 이전의 이동 수단은 주로 생체에너지에 의존했다. 인간은 자신의 힘으로 도보하거나, 말을 비롯한 가축을 이용해 더 빠르게 이동했다. 그러나 이러한 방식에는 근본적인 한계가 있었다. 인간과 동물은 일정량의 음식을 섭취하고 충분한 휴식을 취해야 했으며, 이동 속도와 거리에도 명확한 제약이 있었다. 이로 인해 대규모 물자나 병력을 이동시키는 데는 많은 시간이 소요되었고, 효율성 또한 떨어졌다.

이러한 제한은 외연기관인 증기기관의 등장으로 극복되기 시작했다. 와트(James Watt, 1736~1819)가 개량한 증기기관은 산업혁명을 대표하는 발명품으로, 대규모 물자와 인력을 단시간에 효율적으로 이동시킬 수 있는 기반을 마련했다. 증기기관은 석탄을 연료로 삼아 강력한 동력을 생성했으며, 더 이상 사람이나 동물이 수레를 끌

필요가 없게 만들었다. 증기기관을 장착한 기차가 등장하면서 승객과 화물을 대량으로 실어 나르기 시작했고, 이는 이동과 운송의 패러다임을 근본적으로 바꾸어 놓았다.

증기기관 기차와 철도는 산업혁명 초기 가장 혁신적인 이동 수단으로 자리 잡았다. 이전에는 도로의 상태와 가축의 체력이 이동 속도와 거리를 제한했지만, 철도는 이러한 한계를 완전히 극복했다. 수천 킬로미터에 이르는 철도망이 영국 전역을 촘촘히 연결하면서 물자 운송과 인력 이동의 규모는 급격히 증가했다. 철도는 영국 경제 활동의 속도를 비약적으로 끌어올렸고, 지역 간 교류를 활발하게 하며 시장의 규모를 크게 확장하는 데 기여했다.

증기기관을 활용한 이동 수단은 육상을 넘어 해상에서도 혁신적인 변화를 불러왔다. 증기선의 발달로 인해 바람에 의존하던 전통적인 항해 방식이 크게 변모했다. 이제 바람이 불지 않는 날씨에도 항해가 가능해지면서 무역은 더 빠르고 안정적으로 이루어졌고, 세계 경제의 흐름에 큰 영향을 미쳤다. 해군 함정 역시 증기선의 장점을 적극적으로 활용했다. 유럽 국가들은 HMS[14] 워리어(Warrior)와 같은 증기선을 통해 더욱 먼 지역으로 식민지를 확장하며 제국주의를 강화했다. 이러한 기술은 해상 전력을 대폭 증강시켜, 세계 군사적 패권을 장악하는 데 중요한 역할을 했다.

중국은 19세기 중반 아편전쟁을 통해 처음으로 유럽의 증기선을

---

14) 영국 함선의 이름에 쓰이는 HMS는 'His Majesty's Ship' 또는 'Her Majesty's Ship'의 약자다. 이 약자는 영국 해군 소속 함선을 나타내며, 왕실의 소유 또는 왕실에 의해 위임된 선박임을 뜻한다.

살육의 과학

테네시강에 정박 중인 증기선. 증기선은 무역뿐만 아니라 군사적 측면에서도 큰 변화를 불러왔다. 유럽 국가들은 증기선을 통해 더 멀리까지 식민지를 확장하며 제국주의를 강화했다. (출처: Public Domain, Wikimedia Commons)

접했다. 1842년, 영국의 강력한 증기선이 양쯔강을 거슬러 올라가는 모습을 본 중국인들은 이 선박이 바람과 해류에 구애받지 않고 이동할 수 있다는 점에 깊은 충격을 받았다. 이러한 기술적 차이는 전쟁에서 중국이 패배하는 주요 요인 중 하나로 작용했으며, 청나라에 군사적 근대화의 필요성을 절감하게 했다. 그러나 당시 중국은 경제적 불안과 군사적 열세로 인해 이 기술적 격차를 극복하기 어려운 상황에 부닥쳐 있었다.

증기기관의 발명 이후에도 인간은 이동 수단에 관한 탐구를 멈추지 않았다. 그 결과 증기기관의 시대는 오래 지속되지 못했다. 과학기술의 발전으로 증기기관을 대체할 새로운 에너지원과 동력 기관이 등장했기 때문이다. 19세기 후반, 석유를 연료로 사용하는 내연기관이 개발되면서 세상은 다시 급격히 변화했다. 석유는 석탄보다 에너지 밀도가 높았고, 내연기관은 외연기관보다 출력 밀도와 효율이 뛰어났다. 이로 인해 내연기관은 증기기관보다 작고 효율적이며 다루기 쉬운 동력원으로 자리 잡았다.

석유와 내연기관이 가져온 새로운 동력은 곧바로 자동차와 같은 육상 이동 수단에 적용되었다. 자동차는 철도처럼 고정된 선로에 제한받지 않았고, 도로망의 발달에 따라 다양한 경로와 목적지를 자유롭게 선택할 수 있어 이동의 유연성을 크게 높였다. 내연기관은 자동차뿐만 아니라 항공기에도 빠르게 적용되었다. 1903년, 라이트(Wright) 형제가 내연기관을 활용한 동력 비행에 성공하면서 항공기술의 시대가 열렸다. 이후 내연기관 기반 항공기술의 발전은 전 세계를 하루 만에 연결할 수 있는 새로운 이동의 시대를 가져왔다.

이러한 이동 기술의 혁신은 국가 지도자들에게도 중요한 의미를 가졌다. 새로운 동력원의 등장이 전투에서 우위를 점할 기회임을 직감한 지도자들은 이를 군사적으로 활용하기 시작했다. 초기에는 산업혁명의 산물인 증기 기차와 증기선을 대규모 병력과 무기를 이동시키는 데 사용했다. 그러나 내연기관의 등장과 석유의 주요 연료화는 전쟁의 판도를 다시 바꾸었다. 전차, 함정, 항공기 등 내연기관을 장착한 무기들이 등장하면서 전쟁의 기동력은 극적으로 향상되었다. 기계화된 군대는 더 넓은 범위에서 더 빠르게 움직일 수 있게 되었고, 이는 전쟁을 단순한 전투가 아니라 국가 전체의 자원을 동원하는 총력전으로 변모시켰다. 새로운 동력원은 단순히 전투의 승리를 넘어서, 전쟁의 전략과 전술을 근본적으로 재정의

하는 데 결정적인 역할을 했다.

무기의 심장: 왕복 엔진

기관(엔진, engine)이란 에너지를 특정한 형태로 변환하여 동력이나 작업을 수행하는 장치를 뜻한다. [15] 특히 열에너지를 기계적 에너지로 변환하는 장치를 열기관이라고 하며, 열기관은 연소 방식에 따라 외연기관과 내연기관으로 구분된다.

외연기관과 내연기관의 차이는 연소가 발생하는 장소에 있다. 외연기관은 연료가 실린더 외부에서 연소하며, 연소열로 물을 끓여 발생한 고압 증기의 힘으로 실린더의 피스톤을 움직여 동력을 생성한다. 반면, 내연기관은 연료가 실린더 내부에서 직접 연소하여 열에너지를 바로 기계적 에너지로 전환한다. 이 방식은 효율이 높고 구조가 단순해 소형화가 용이하다.

외연기관은 내연기관보다 먼저 개발되었다. 이를 이해하려면 외연기관의 대표적 사례인 증기기관의 작동 방식을 살펴볼 필요가 있다. 제임스 와트가 개량한 증기기관은 나무나 석탄을 연료로 사용해 물을 끓이고, 발생한 증기의 압력을 이용해 피스톤을 움직여 동력을 생성하는 방식이었다. 나무와 석탄 같은 고체연료는 산소

---

[15] 엔진이라는 용어는 종종 컴퓨터 소프트웨어에서도 사용되는데(예를 들어 인터넷 검색 엔진), 이는 데이터를 처리하거나 특정한 작업을 수행하는 핵심 알고리즘 또는 프로그램을 의미하기도 한다.

외연기관의 대표적인 예인 증기기관의 내부 모습이다. 왼쪽의 넓은 공간은 보일러실로, 보일러에서 생성된 열이 열교환기(파이프 묶음)를 지나면서 물을 끓여 증기를 생성한다. (출처: Parrot of Doom, CC BY-SA 3.0)

와 주로 표면에서 반응하며 서서히 연소한다. 연료를 쌓아 불쏘시개로 점화하면 연소가 시작되며, 공기는 자연 대류로 공급되거나 송풍기와 같은 기계장치를 통해 강제로 주입될 수 있다. 열 출력을 높이기 위해서는 연료를 추가하고 공기 공급량을 늘리면 되지만, 고체연료는 표면적에 의해 연소 속도가 제한되므로 열에너지가 점진적으로 방출되는 특성을 가진다. 이로 인해 고체연료 기반 외연기관은 에너지 변환 속도가 느리고, 열 출력의 변화를 정밀하게 제어하기 어렵다는 단점이 있었다. 게다가, 물을 에너지 전달 매개체로 사용했기 때문에 열 출력의 변화가 기계적 운동으로 전달되기까지 지연이 발생했다. 더불어 연소 후에는 타고 남은 재를 처리해야 하는 번거로움도 있었다. 즉, 외연기관은 비교적 낮은 연소 기술 수준으로도 접근할 수 있는 기계장치였지만, 앞서 언급한 한계들로 인해 결국 내연기관에 자리를 내주고 말았다.

내연기관의 시작은 석유의 발견이었다. 19세기 중반, 석유가 발견되면서 고체연료 대신 액체연료를 사용하는 열기관의 시대가 열렸다. 액체연료인 석유는 석탄보다 취급이 간편하고, 단위 무게와 단위 부피당 에너지 밀도가 더 높았다. 석유는 액체 상태이므로 간단한 장치를 통해 미세하게 분사할 수 있었고, 분사된 석유는 미립화되면서 표면적이 증가해 산소와의 접촉 면적을 크게 넓혔다. 이러한 특성 덕분에 연소 속도가 빨라지고 열 출력이 향상되었으며, 열효율 역시 크게 개선되었다.

니콜라스 오토의 4행정 엔진의 모습. 현대 내연기관의 기초가 된 발명으로, 흡입, 압축, 폭발, 배기의 4단계를 통해 동력을 생성한다. 효율성과 실용성을 크게 향상시켜 자동차와 기계 산업의 발전에 기여했다. (출처: Public Domain, Wikimedia Commons)

이론적으로 증기기관은 외부에서 열만 공급되면 작동하기 때문에 석탄 대신 석유를 연료로 사용하는 것도 가능하다. 그러나 증기기관과 석유의 조합은 최적의 선택이 아니다. 이는 석유라는 액체 연료의 장점을 충분히 활용할 수 없기 때문이다. 석유의 특성을 극대화할 수 있도록 설계된 동력장치가 바로 내연기관의 대표 주자인 왕복 엔진이다.

왕복 엔진은 증기기관을 대체하기 위해 독일의 발명가 오토(Nikolaus Otto, 1832~1891)에 의해 개발되었다. 오토는 적은 연료로도 효율적인 동력을 생성하고, 동시에 작고 가벼운 구조를 구현하는 것을 목표로 삼았다. 그는 가솔린을 미립화한 뒤 산소와 혼합해 실린더로 보내고, 점화 플러그(spark plug)에 의해 폭발적으로 연소시켜 높은 연소 효율을 발휘하도록 설계했다.

오토의 왕복 엔진은 흡입, 압축, 폭발, 배기의 순서로 연료를 연소시켜 동력을 얻는다. '흡입'은 작은 입자로 쪼개진 액체연료와 산소를 균질하게 혼합한 후 실린더 내부로 공급하는 과정이다. '압축'은 피스톤을 상승시켜 혼합물을 압축하는 단계이다. '폭발'은 점화 플러그로 혼합물을 착화시켜 폭발성 연소를 일으키는 단계이다. 이때 실린더 내부에서 연료가 연소하면 압력이 상승하고, 고온/고압의 연소 가스가 피스톤을 밀어 동력을 발생시킨다. '배기'는 연소 과정이 끝난 가스를 외부로 배출하고, 새로운 연료와 산소가 실린더 내부로 공급되는 단계이다.

왕복 엔진은 연료와 산소가 공급되는 한, 흡입-압축-폭발-배기의 과정을 연속적으로 수행한다. 이 과정에서 연료와 산소는 밀폐된 공간에서 연소되며, 에너지 방출이 한 축으로 집중되어 높은 출력과 에너지 효율을 제공한다. 엔트로피 관점에서 보면, 연소 과정에서 발생한 열에너지가 외부로 분산되지 않고 밀폐된 공간 내부에서 기계적 에너지로 효과적으로 전환되기 때문에 에너지 손실이 최소화된다. 왕복 엔진은 이러한 특성을 바탕으로 에너지의 질서 있는 흐름을 유지하며, 연료로부터 최대한의 유용한 일을 끌어내도록 설계되었다. 결과적으로, 엔트로피 증가를 억제하면서도 높은 효율을 구현할 수 있는 독창적인 구조를 갖춘 동력장치라 할 수 있다. 이러한 과정은 화약을 배럴 내부에서 폭발시켜 에너지를 효율적으로 사용하는 것과 유사하다.

하늘을 지배하는 심장: 제트 엔진

4행정 사이클로 작동하는 왕복 엔진은 예초기 같은 소형 장비부터 트럭 같은 대형 장비까지 다양한 분야에서 널리 활용된다. 이 엔진은 밀폐된 공간에서 피스톤이 상하로 움직이며 연료를 연소시켜 동력을 생성한다. 피스톤의 상하 운동은 크랭크축을 통해 회전력으로 변환되며, 연료 에너지의 상당 부분이 효율적으로 기계적 회전력으로 전환된다. 이러한 구조적 특성 덕분에 왕복 엔진은 자동차처럼 지면에서 이동하는 장치에 특히 적합하다.

자동차의 바퀴는 지면과 접촉하며, 바퀴와 지면 사이의 마찰력을 이용해 추진력을 얻는다. 왕복 엔진의 힘으로 바퀴를 회전시키면 자동차는 전진하거나 후진할 수 있다. 그러나 항공기처럼 하늘을 나는 장치에는 이러한 추진 방식이 적합하지 않다. 항공기는 비행 중 지면과 분리되기 때문에, 바퀴의 회전만으로는 추진력을 생성할 수 없다. 따라서 항공기는 비행에 필요한 추진력을 얻기 위해 완전히 다른 방식의 동력 시스템을 사용해야 한다.

뉴턴의 제3 법칙, 즉 작용과 반작용의 법칙은 두 물체가 상호작용을 할 때 발생하는 힘의 관계를 설명한다. 이 법칙에 따르면, 한 물체가 다른 물체에 힘을 가하면 크기가 같고 방향이 반대인 반작용이 동시에 발생한다. 쉽게 말해, '모든 작용에는 크기가 같고 방향이 반대인 반작용이 있다'라는 것이다. 예를 들어, 지면 위에 있

2차 세계대전 당시 항공 정비병들이 추운 날씨 속에서 영국 공군의 슈퍼마린 스핏파이어 (Supermarine Spitfire)에 장착된 12기통 롤스로이스 멀린(Merlin) 왕복엔진을 수리하고 있다. 스핏파이어는 왕복 엔진의 힘을 프로펠러로 전달해 공중에서 추진력을 얻어 뛰어난 기동성과 속도를 자랑했다. (출처: Public Domain, Wikimedia Commons)

는 자동차를 생각해보자. 바퀴와 지면 사이의 마찰력 덕분에, 바퀴가 지면을 미는 작용을 하면 이에 대한 반작용으로 지면이 바퀴를 밀어 자동차가 움직일 수 있다. 그러나 자동차가 지면에서 떨어진 상태라면, 바퀴가 힘을 가할 대상이 없어 헛돌게 된다.

그렇다면 이런 상황에서 어떻게 추진력을 얻을 수 있을까? 과학자들은 '힘을 가할 대상'을 새롭게 정의하고, 그 대상에 대해 힘을 가하는 방법을 고안해 해결책을 찾았다. 이들이 새롭게 정의한 대상은 '공간'이며, 그 대상에 힘을 가하는 방법은 '질량이 있는 유체를 빠르게 분사'하는 방식이다. 이를 통해 항공기와 로켓 같은 비행체는 지면의 제약 없이 추진력을 얻을 수 있게 되었다.

이와 같은 이유로, 항공기에서 왕복 엔진을 사용하려면 프로펠러가 필요하다. 하늘에서는 지면과 같은 마찰력이 거의 없기 때문에, 왕복 엔진만으로는 추진력을 생성할 수 없다. 대신, 왕복 엔진의 출력축에 바퀴 대신 프로펠러를 장착한다. 프로펠러가 회전하면 공기를 빠르게 뒤로 밀어내게 되는데, 이는 공간에 대해 힘을 가하는 과정이다. 항공기는 이 과정에서 발생하는 반작용으로 추진력을 얻어 앞으로 나아갈 수 있다.

지금까지 설명한 원리를 처음으로 구현한 인물이 라이트 형제다. 라이트 형제는 1903년 12월 17일, 인류 최초로 동력 비행기를 만들어 비행에 성공했다. 그들의 비행기는 '플라이어 1호(Flyer I)'로, 왕복 엔진과 프로펠러의 조합을 통해 하늘을 나는 데 필요한 추진력을 얻을 수 있었다. 이 업적은 항공기 역사에서 혁명적인 전환점이 되었으며, 인류가 하늘을 정복할 수 있는 길을 열어주었다.

그러나 2차 세계대전이 진행되면서 왕복 엔진과 프로펠러를 사용하는 항공기의 한계가 점차 명확해졌다. 공중전이 빈번해지면서 항공기의 속도는 전투에서 중요한 요소로 부각되었다. 높은 속도는 적기를 격추하거나 자신을 추격하는 적기를 따돌리는 데 필수적이었다. 이를 해결하기 위해 개발자들은 엔진 출력을 높여 프로펠러의 회전수를 증가시키려 했으나, 기술적 한계에 부딪혔다. 프로펠러 회전수가 과도해지면 공기의 상대속도가 음속을 초과해 충격파가 발생하고, 이로 인해 항력이 급격히 증가하며 효율이 떨어지는 문제가 발생했다. 반대로 회전수를 줄이면 추진력이 부족해 속도를 낼 수 없었다. 결국, 항공기의 속도를 더 높이기 위해서는 기존 방식의 한계를 넘어 공간에 힘을 가할 새로운 유형의 엔진이 필요했다.

이러한 상황에서, 영국 공군 장교이자 공학자인 휘틀(Frank Whittle, 1907~1996)이 제트 엔진이라는 혁신적인 추진 장치를 개발했다. 제트 엔진은 기존의 왕복 엔진과 설계 목적이 근본적으로 다르다. 제트 엔진은 석유를 연소시켜 고온·고압의 배기가스를 생성하고, 이를 빠르게 외부로 배출함으로써 강력한 추진력을 제공하도록 설계되었다.

제트 엔진의 작동 원리를 좀 더 자세히 살펴보자. 첫 단계는 공기를 빨아들이는 것이다. 공기가 엔진의 앞부분으로 유입되면, 압축기가 이를 압축해 공기의 압력과 밀도를 높인다. 압축된 공기는 산소 농도가 높아져 연소에 적합한 상태가 되며, 이 상태로 연소실로 이동한다. 연소실에서는 분무된 연료와 압축 공기가 혼합되고, 폭발적인 연소가 일어난다. 이 연소 과정에서 고온·고압의 가스가 생성되며, 이 가스는 엄청난 에너지를 포함하고 있다. 생성된 가스는

살육의 과학

빠르게 엔진 뒤쪽으로 배출되며, 이는 공간에 힘을 가하는 과정이다. 제트 엔진은 이 과정을 빠르고 효율적으로 반복해 항공기를 고속으로 추진할 수 있도록 한다. 이처럼 제트 엔진은 공기를 효율적으로 활용해 강력한 추진력을 제공하며, 항공기의 속도를 획기적으로 향상시켰다.

연소 관점에서 보면, 제트 엔진은 왕복 엔진과 유사한 과정을 거친다. 두 엔진 모두 연료와 공기를 압축한 뒤 연소시키고, 연소 가스를 배출하는 원리를 기반으로 한다. 그러나 연소로 발생한 압력을 활용하는 방식에서는 두 엔진 사이에 큰 차이가 있다. 왕복 엔진은 연소로 생성된 압력을 피스톤을 밀어내는 데 사용하여 회전력을 얻는다. 반면, 제트 엔진은 이 압력을 배출가스의 속도를 높이는 데 사용하여 추진력을 생성한다. 이 때문에 왕복 엔진은 연소 가스를 단순한 부산물로 취급하는 반면, 제트 엔진은 연소 가스를 핵심 동력원으로 간주한다. 이 원리는 단순해 보이지만, 실제로 구현하

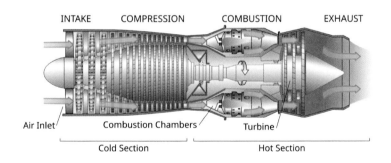

일반적인 제트 엔진의 다이어그램. 공기는 엔진에 들어갈 때 팬 블레이드에 의해 압축되고, 연소 섹션에서 연료와 혼합되어 연소된다. 뜨거운 배기가스는 추진력을 제공하고 압축기 팬 블레이드를 구동하는 터빈을 돌린다. (출처: Jeff Dahl, CC BY-SA 4.0)

려면 고도의 설계와 제작 기술이 요구된다. 이러한 기술적 복잡성 때문에 항공기 엔진은 미국을 비롯한 일부 선진국만이 제작할 수 있는 첨단 기술 분야로 여겨진다.

항공기의 비행 속도만을 기준으로 본다면, 제트 엔진을 장착한 항공기가 왕복 엔진+프로펠러를 사용하는 항공기보다 훨씬 빠르다. 그러나 제트 엔진이 모든 측면에서 왕복 엔진+프로펠러보다 우수한 것은 아니다. 엔진 개발에서 공학자들은 단순히 속도뿐만 아니라 추진 효율도 중요한 고려 요소로 삼는다. 추진 효율이란 엔진이 생성한 전체 에너지 중 앞으로 나아가는 데 사용된 에너지의 비율을 의미한다. 이는 주어진 연료로 얼마나 효율적으로 추진력을 얻는지를 나타내며, 비행체가 적은 연료로 많은 추력을 얻을수록 경제성과 성능 면에서 유리하다. 추진 효율이 높으면 동일한 연료로 더 멀리 비행할 수 있어 비용 절감과 운용 효율을 극대화할 수 있다. 추진 효율을 기준으로 보면, 왕복 엔진+프로펠러는 저속에서 제트 엔진보다 유리한 특성을 가진다. 이 때문에 속도가 큰 영향을 미치지 않는 개인용 또는 비즈니스용 항공기에서는 여전히 왕복 엔진과 프로펠러가 선호된다. 반면, 전투기처럼 비행 속도가 중요한 항공기에서는 상황이 다르다. 일정 속도 이상에서는 제트 엔진이 더 높은 추진 효율을 보이기 때문이다. 제트 엔진은 항공기가 속도를 높일수록 더 많은 공기를 흡입하여 연소 과정의 효율을 증가시키며, 이를 통해 높은 속도에서도 안정적인 추진력을 제공한다.

살육의 과학

살상을 위한 역할 분담: 연소 출력

이 시점에서 연소의 개념을 다시 정리해 볼 필요가 있다. 그래야 관련 내용을 더 쉽게 이해할 수 있다. 이 책에서는 연소를 크게 세 가지로 구분했다: 나무(또는 석탄)의 연소, 석유의 연소, 그리고 화약의 폭발적 연소이다. 이제 이 세 가지 연소를 열 출력의 관점에서 다시 살펴보자.

연소란 연료가 산화되면서 열과 빛의 형태로 에너지를 방출하는 과정이다. 이때 연료와 산소의 혼합 방식에 따라 열 출력이 크게 달라진다. 나무가 연소할 때는 주로 나무 표면에서 산소와의 반응이 이루어진다. 나무 내부로 산소가 충분히 침투하지 못하기 때문에 연소는 표면에서만 서서히 진행된다. 이로 인해 에너지가 점진적으로 방출되며, 열 출력이 상대적으로 낮게 유지된다. 나무 연소의 한계는 산소와의 반응이 표면적에 크게 의존하기 때문에 출력이 제한적이라는 점이다.

반면, 석유는 연소 시 더 높은 출력을 낼 수 있다. 연소 전에 석유는 기화되어 미세한 입자 상태로 분산되며, 공기 중 산소와 혼합된다. 이 과정에서 석유와 산소가 접촉할 수 있는 면적이 많이 늘어나 연소가 더 빠르고 효율적으로 진행된다. 일반적으로 석유 입자가 작고, 산소와의 혼합이 균일할수록 열 출력과 연소 효율이 더욱 향상된다.

화약은 석유보다 훨씬 높은 출력을 낸다. 화약은 연소를 위해 외부에서 산소를 공급받을 필요가 없다. 이는 화약에 산소 공급원 역할을 하는 산화제가 포함되어 있어 연료와 산소가 분자 수준에서 밀접하게 결합해 있기 때문이다. 이 때문에 화약은 점화되면 즉각적으로 폭발적인 에너지를 방출한다. 연료와 산소가 분자 단위로 혼합되어 있기 때문에 연소 과정이 빠르게 진행되며, 그 출력은 석유 연소보다 훨씬 강력하다. 이러한 높은 열 출력은 순간적으로 강한 에너지가 필요한 군사적 용도에 특히 적합하다.

에너지는 그 형태가 무엇이든 발산 속도가 빠를수록(=출력이 높을수록) 더 다양한 장치에 적용할 수 있다. 하지만 에너지의 출력이 높다고 해서 무작정 아무 장치에나 사용할 수는 없다. 에너지를 사용하는 장치가 그 에너지의 출력을 견딜 수 있어야 하기 때문이다. 예를 들어, 자동차 속도를 빠르게 하려고 자동차 연료로 화약을 사용한다고 가정해보자. 아마도 자동차는 시동을 걸자마자 폭발하거나

K-9 자주포는 강력한 화력을 가진 포(살육 도구), 석유 기반 연료, 내연기관이 결합하여 탄생한 현대의 주요 군사 장비이다. 이 자주포는 기동성과 화력을 동시에 갖추어 전장에서 적의 주요 목표를 타격하는 데 사용된다. 석유와 내연기관의 조합은 자주포의 장거리 이동과 신속한 배치를 가능하게 하며, 이는 현대 전쟁의 기동성과 파괴력을 상징적으로 보여준다. (출처: 대한민국 국방부, CC BY-SA 2.0)

살육의 과학

화약의 출력을 감당하지 못해 차체가 파손될 것이다. 따라서 자동차는 차체가 견딜 수 있는 수준의 출력을 가지는 연료, 즉 화약보다 출력이 낮은 석유를 사용하는 것이 바람직하다.

무기 공학자들은 다양한 에너지의 열 출력 차이를 정확히 이해하며 무기 개발에 활용해 왔다. 살상과 파괴를 담당하는 총포는 화약의 높은 출력을 견뎌야 했기에 크고 무거운 구조를 가질 수밖에 없었고, 이로 인해 이동성이 제한되었다. 지휘관들은 이러한 무기를 먼 거리까지 신속히 이동시키길 원했지만, 말과 마차로는 그 한계가 명확했다. 이 욕구는 오랫동안 충족되지 못했다. 그러나 석유와 내연기관의 등장은 이 문제를 해결할 돌파구를 제공했다. 석유는 무게 대비 에너지 밀도가 높아 더 먼 거리를 효율적으로 이동할 수 있었고, 내연기관은 무거운 무기를 신속히 운반할 수 있는 충분한 출력을 제공했다. 무기 공학자들은 석유와 내연기관을 장착한 차량에 대형 무기(총포 등)를 탑재하고 빠르게 이동할 수 있는 무기체계를 개발했다. 또한, 탑승자를 보호하기 위해 무거운 장갑을 추가하는 것도 가능했다. 오늘날 육군의 핵심 전력인 전차, 장갑차, 자주포 등은 바로 이러한 기술적 발전을 바탕으로 개발된 것이다.

내연기관과 살육 도구의 결합은 육군에 국한되지 않았다. 내연기관이 대형화되거나 경량화됨에 따라 해군과 공군에서도 유사한 형태의 무기가 개발되어 널리 사용되었다. 오늘날 군에서 운용하는 대부분의 무기는 육·해·공 어디에서나 이동이 가능한 기계장치에 포나 폭탄을 장착한 형태로 볼 수 있다. 앞서 언급했듯이, 무기의 이동은 석유와 내연기관이 담당하고, 목표물 제거는 화약이 맡는 구조다. 무기 공학자들은 각 에너지의 출력 특성을 충분히 이해하고 이를 기반으로 무기를 설계한 덕분에, 현대의 무기는 먼 거리에서도 효율적으로 적을 공격할 수 있는 높은 성능을 갖추게 되었다.

에너지 방출의 다양성: 출력 제어

우리는 나무, 석유, 화약의 연소 과정에서 본질적으로 출력 차이가 존재함을 확인했다. 하지만 이들의 출력은 고정된 값이 아니며, 특정 조건을 조정함으로써 변화시킬 수 있다. 나무, 석유, 화약 모두 연소 과정에서 에너지를 방출하지만, 방출되는 에너지의 양, 속도, 제어 가능성은 각기 다르다.

나무는 산소 공급량을 조절하여 연소 출력을 관리할 수 있다. 산소 공급이 증가하면 연소 과정이 활성화되어 출력이 증가하고, 산소 공급을 줄이면 불꽃이 약해지면서 출력이 감소한다. 출력의 극대화를 위해 연료인 나무와 산소 공급을 동시에 늘릴 수 있지만, 이경우 연소 과정의 제어가 어려워질 수 있다.

석유는 액체 상태로, 나무보다 정밀한 출력 제어가 가능하다. 주로 왕복 엔진과 같은 내연기관의 연료로 사용되며, 공기 중 산소와 혼합되어 연소실로 공급된다. 운전자는 연료와 공기의 혼합 비율과 공급량을 조절해 출력을 제어할 수 있다. 다만, 연소실의 물리적한계로 인해 출력은 무한히 증가시킬 수 없다. 대신, 연소 공간을 확장해 출력을 높이는 방법이 있다. 예를 들어, 엔진의 배기량을 늘리거나 실린더 개수를 추가하면 전체 출력을 증가시킬 수 있다. 이처럼 내연기관은 출력 조정의 유연성을 통해 다양한 속도와 힘을

살육의 과학

요구하는 기계에서 석유 에너지를 효율적으로 활용한다.

그렇다면 화약은 어떨까? 화약은 나무나 석유와는 다르게 연료와 산화제가 물질 내부에 동시에 존재하는 구조로 되어 있다. 화약 속에는 연소에 필요한 산소가 이미 포함되어 있으므로 연소가 시작되면 외부에서 산소를 더 공급할 필요가 없다. 이는 화약의 출력이 화학적 조성비와 종류에 의해 미리 결정된다는 뜻이다. 다시 말해, 화약은 미리 설정된 양의 에너지를 특정 시간 안에 방출하는 구조로 되어 있다.

나무와 석유는 산소 공급을 차단하면 연소를 멈출 수 있다. 불이 붙은 나무 위에 물이 묻은 담요를 덮으면 산소가 차단되면서 불이 꺼지는 것과 같은 원리다. 반면 화약은 산화제가 연료와 밀접하게 결합하여 있어 외부 산소 공급을 중단하는 방식으로는 연소를 멈출 수 없다. 즉, 화약은 연소가 시작되면 외부 조건에 상관없이 화약이 모두 소진될 때까지 연소가 계속된다.

이처럼 연소라는 동일한 현상도 사용하는 연료와 물질에 따라 그 방법과 과정이 달라진다. 화약은 연소가 쉽게 시작되지만, 일단 점화되면 출력 제어가 어렵다. 이러한 특성 때문에 무기체계에서 화약을 적용할 때는 사전에 많은 고민을 해야 한다.

내연기관은 저출력에서 고출력까지 유연하게 조절할 수 있지만, 화약은 목적과 출력에 따라 명확히 구분하여 사용해야 한다. 화약은 일반적으로 추진제와 폭약으로 나뉜다. 추진제는 비교적 느린 속도로 연소하면서 지속적으로 가스를 발생시켜 물체를 밀어내는 힘을 제공한다. 이 특성 덕분에 추진제는 로켓이나 유도탄의 비행을 위한 추진력으로 널리 사용된다. 반면 폭약은 빠른 속도로 연소

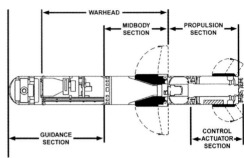

FGM-148 재블린(Javelin) 휴대용 대전차 미사일의 내부 구조를 보여준다. 탄두(Warhead) 구역은 폭약으로 구성되어 장갑을 관통하도록 설계되었으며, 추진(Propulsion) 구역은 추진 제를 사용해 미사일을 목표까지 안정적으로 가속시킨다. 특히 폭약과 추진제는 각각의 화약 출력을 정밀하게 제어하여, 발사 초기에는 안전성을 유지하고 목표 근처에서는 최대의 파괴 력을 발휘할 수 있도록 설계되었다. 이는 미사일의 효율성과 안전성을 높이는 핵심 기술이 다. (출처: Public Domain, Wikimedia Commons)

하여 짧은 시간 안에 강력한 폭발을 일으킨다. 이러한 특성은 목표
물에 도달했을 때 강력한 충격을 가하고 파괴력을 발휘하도록 한
다. 폭약은 다이너마이트, 수류탄, 탄두와 같은 장비에 사용되며,
목표물에 도달하는 순간 최대의 파괴력을 발휘하는 데 적합하다.
이처럼 화약은 연소 특성에 따라 역할과 활용 방식이 분명히 구분
되며, 이를 효과적으로 활용하기 위해 그 특성을 정확히 이해하는
것이 중요하다.

　대부분 유도탄에는 두 가지 화약, 즉 추진제와 폭약이 동시에 사
용된다. 유도탄의 구조를 살펴보면, 일반적으로 뒤쪽에 추진제가
있고, 중간 부분에 폭약이 위치한다. 추진제는 연소 과정에서 가스
를 발생시키며, 이 가스는 빠르게 노즐을 통해 유도탄 뒤로 배출된
다. 이때 추진제의 연소에 따른 가스 발생 속도는 노즐을 통해 배출

살육의 과학

되는 속도와 거의 동일하게 설계되어 있다. 이를 통해 추진제가 담긴 케이스 내부의 압력이 과도하게 상승하지 않도록 하여, 비행 중 폭발을 방지할 수 있다. 앞서 언급했듯이, 추진제의 출력은 연소 중 제어가 불가능하므로 유도탄의 속도를 세밀하게 조절하기는 어렵다. 그러나 유도탄은 속도를 엄밀히 제어할 필요가 없어서 이 점은 문제가 되지 않는다. 유도탄이 목표물에 도달할 수 있는 범위 내에서 최대한 빠른 속도로 이동하는 것이 오히려 유리하다. 따라서 추진제는 유도탄이 버틸 수 있는 한계 내에서 가능한 한 빠르게 목표물로 이동시키는 역할을 한다.

한편, 유도탄 내부의 폭약은 목표물에 도착할 때까지 대기 상태로 있다가, 도착 신호가 오면 즉시 폭발하여 주변을 파괴한다. 폭약은 순간적으로 엄청난 압력과 열을 발생시켜 목표물에 큰 피해를 준다. 이 폭발은 단순히 목표물을 파괴하는 것에 그치지 않고, 주변 공기를 강하게 압축하고 빠르게 팽창시켜 폭풍과 같은 충격파를 만들어낸다. 이 충격파는 물리적 파괴뿐만 아니라 목표물 근처의 생명체에게도 치명적인 피해를 줄 수 있다. 이처럼 화약의 종류에 따른 적절한 사용은 무기 시스템의 효율성을 극대화하는 중요한 요소가 된다. 추진제와 폭약은 모두 연소가 시작되면 출력을 제어할 수 없다는 공통점이 있지만, 연소 속도와 에너지 방출 방식의 차이로 인해 서로 다른 용도로 사용된다.

전투를 위한 공통 토대: 무기 플랫폼

'플랫폼'이라는 단어는 다양한 분야에서 폭넓게 사용되지만, 그 핵심 개념은 대부분 유사하다. 플랫폼이란 특정 목적을 달성하기 위한 공통의 기반이나 토대를 뜻하며, 이를 통해 다양한 응용 시스템이나 기능이 개발되고 작동할 수 있도록 한다. 본래 물리적 기반을 지칭했던 이 용어는 오늘날 소프트웨어, 자동차, 무기 시스템 등 다양한 분야로 확장되었다. 분야마다 사용 방식에는 차이가 있지만, 공통적으로 플랫폼은 확장성과 유연성을 제공하여 새로운 기술과 기능을 손쉽게 추가하고 조정할 수 있는 구조를 지닌다. 이러한 특성은 혁신과 효율성을 극대화하는 데 중요한 역할을 한다.

플랫폼의 개념을 이해하기 위해 자동차 산업을 예로 들어보자.

스트라이커(Stryker) 장갑차는 동일한 차체를 기반으로 다양한 무기를 탑재해 다목적 용도로 운용된다. 석유 기반 연료와 내연기관은 이러한 플랫폼 설계의 핵심으로, 장거리 이동과 높은 기동성을 제공한다. 이를 통해 스트라이커는 병력 수송, 화력 지원, 정찰 등 다양한 임무를 수행할 수 있다. 내연기관과 연료의 조합은 군사 플랫폼의 유연성을 극대화하며, 현대 전장에서의 기동전과 작전 수행 능력을 뒷받침하는 중요한 요소이다. (출처: Public Domain, Wikimedia Commons)

살육의 과학

자동차 플랫폼은 여러 차종에 공통으로 사용되는 차체 구조와 주요 부품을 의미한다. 이는 개발 비용을 줄이고 생산성을 높이는 데 기여한다. 같은 플랫폼을 활용해 다양한 차종을 설계하면 부품을 공유할 수 있고 설계 중복을 줄일 수 있어 비용과 시간을 절약할 수 있다. 또한, 플랫폼 기반으로 차종을 다양화함으로써 소비자의 다양한 요구를 빠르게 충족시킬 수 있다. 이러한 확장성과 유연성 덕분에 자동차 플랫폼은 현대 자동차 산업에서 필수적인 요소로 자리 잡았다.

소프트웨어 분야에서도 플랫폼의 중요성은 두드러진다. 소프트웨어 플랫폼이란 특정 프로그램이나 애플리케이션이 실행되는 기반 시스템을 말한다. 대표적으로 운영체제가 소프트웨어 플랫폼의 예이다. 운영체제는 다양한 응용 프로그램이 작동할 수 있는 기반을 제공하며, 개발자는 이를 활용해 여러 애플리케이션을 개발할 수 있다. 이러한 플랫폼 덕분에 개발자는 특정 하드웨어 환경에 맞춰 프로그램을 재개발할 필요 없이 다양한 환경에서 소프트웨어를 실행할 수 있다.

플랫폼 개념의 기원을 특정 산업에 한정 짓기는 어렵지만, 무기 산업에서 먼저 등장했을 가능성이 크다. 석유와 내연기관의 발명 이후, 인류는 전쟁에서 기동성과 효율성을 극대화하기 위해 다양한 이동 수단을 사용하기 시작했다. 초기의 이동 수단은 단순한 운송 기능을 넘어 다양한 무기를 장착할 수 있는 플랫폼으로 발전했다. 이러한 변화는 무기 개발과 배치 방식에 혁신을 가져오며 전쟁의 효율성과 대응력을 크게 향상시켰다.

특히 1차, 2차 세계대전 동안 전차, 전투기, 함정과 같은 이동형

우리나라가 개발 중인 KF-21은 4.5세대 전투기로서 현대적 전투 환경에 최적화된 플랫폼을 제공할 것이다. 이 전투기는 뛰어난 기동성과 첨단 항전 시스템을 바탕으로 다양한 임무를 수행할 수 있도록 설계되었으며, 미래 전장에서 핵심적인 역할을 할 것으로 기대된다. (출처: 본인이 촬영, Public Domain으로 공개)

무기들이 대량 생산되면서 플랫폼 개념은 더욱 확립되었다. 예를 들어, 19세기 말 전함은 함포, 폭뢰, 기뢰 등 다양한 무기를 장착할 수 있는 기반 플랫폼으로 활용되었으며, 이후 전차와 항공기도 이와 유사한 역할을 수행했다. 플랫폼은 전장 상황에 따라 무기와 장비를 유연하게 통합할 수 있는 구조를 제공하며, 이는 전쟁의 효율성과 대응력을 극대화하는 데 중요한 역할을 했다.

무기체계를 플랫폼 형태로 개발하면 에너지 관점에서 중요한 이점을 제공한다. 플랫폼화된 무기는 초기 개발 단계에서 더 많은 시간과 자원이 소요될 수 있지만, 장기적으로는 에너지 효율성을 극대화할 수 있다. 플랫폼을 기반으로 설계된 무기는 표준화된 부품과 설계를 활용해 대량 생산이 가능하며, 생산 과정에서 에너지를 절약할 수 있다. 또한, 유지보수와 개조 과정에서도 같은 플랫폼을 공유하는 무기들은 부품 교체나 기술 적용이 용이해 물류와 정비 과정에서 에너지 낭비를 줄일 수 있다. 이러한 구조는 전장 상황에 맞게 빠르게 적응할 수 있는 확장성을 제공하며, 변화하는 전술적 요구에 맞춰 무기를 효율적으로 활용할 수 있게 한다. 결과적으로 무기 플랫폼화는 에너지를 절약하면서도 작전 효율성을 높이는 핵심적인 역할을 한다.

현대에 들어와 과학기술이 발전하고 무기체계가 더욱 복잡해지면서 플랫폼의 중요성은 한층 더 커졌다. 무기 플랫폼 개발에는 막대한 예산과 시간이 소요되며, 관련된 다른 무기체계와의 연관성도 크기 때문에 잘못된 플랫폼 설계는 국가 방위태세에 치명적인 영향을 미칠 수 있다. 따라서 신규 무기 플랫폼은 철저한 기획과 설계를 바탕으로 개발되어야 한다.

우리나라가 개발 중인 KF-21 전투기는 이를 잘 보여주는 사례다. KF-21은 오랜 연구와 기획 과정을 거쳐 개발되었으며, 기체 설계 단계에서부터 다양한 무장과 전자전 장비를 효율적으로 탑재할 수 있도록 설계되었다. 기체는 공력 성능과 스텔스 기술을 최대한 활용해 적의 탐지를 회피하는 능력을 갖추었으며, 첨단 항전 장비와 통합 네트워크 시스템을 통해 실시간 데이터 공유 및 상황 인식 능력을 극대화하도록 설계되었다. 또한, 미래의 무인 전투기와 연동 운용까지 고려해 개발이 진행되고 있다. 이처럼 석유와 내연기관이 가져온 플랫폼 개념은 오늘날 무기체계 설계와 운용에서 여전히 중요한 역할을 하고 있다.

전기

전기가 없는 세상을 상상해본 적 있는가? 과거에는 전기의 존재를 몰랐기에 그 필요성을 느낄 이유도 없었다. 그러나 오늘날 전기는 우리 일상에서 공기와 물처럼 없어서는 안 될 중요한 존재가 되었다. 하지만 공기와 물이 없으면 생존할 수 없는 반면, 전기는 생존에 직접적으로 필수적인 요소는 아니다. 생명 유지라는 관점에서 보면 전기는 공기나 물만큼 필수적이지 않다. 전기가 처음 발견되었을 때 사람들은 그것이 생명과 크게 관련이 없다고 생각했다. 그러나 과학기술의 발전과 함께 전기는 점점 더 생명과 밀접한 관계를 맺게 되었다. 이제 전기는 생명을 유지하고 보호하는 데 중요한 역할을 하고 있으며, 동시에 생명을 죽이는 데도 중요한 역할을 하고 있다. 왜 그렇게 되었을까? 이를 이해하기 위해서는 먼저 전기의 사용 방식을 살펴볼 필요가 있다.

　고대의 칼과 창, 화살에서부터 현대의 총과 대포에 이르기까지, 살상을 목적으로 한 전통적인 무기들은 기본적으로 직접적인 공격을 가하는 물리적 형태의 도구들이다. 총과 대포도 화약의 폭발 에너지를 발사체의 운동에너지로 변환시켜 목표물을 직접 타격한다. 하지만 전기는 다르다. 전기는 목표물에 물리적으로 직접 타격을 가하지 않는다. 에너지의 특성상 전기는 총이나 대포처럼 단순히 살상을 위한 도구로 사용되기에는 여러 제약이 따랐다.

여기서 석유를 생각해 보자. 내연기관의 발달로 석유는 전장에서 살육을 위한 무기를 운반하고 기동성을 높이는 용도로 사용되었다. 물론, 화염방사기처럼 석유가 직접적인 살육의 도구로 사용된 사례도 있지만, 이는 극히 일부에 불과했다. 마찬가지로, 전기 역시 직접적인 살상보다는 전투 보조적 수단의 에너지원으로 이용되기 시작하였다. 이를테면, 전기는 유·무선통신 장비, 레이더 등과 같이 현대 전투의 필수적인 전기·전자 장비를 작동시키는 데 필요한 에너지원으로 인식되고 있다.

이를 정리하자면, 전기는 석유와 다른 방식으로 살육 도구의 효과를 증대시켰다. 앞서 설명했듯이, 두 에너지 모두 살상에 필요한 직접적인 에너지를 공급하지는 않았다. 그러나 석유는 살육 도구의 기동을 위한 동력을 제공하였고, 전기는 지휘관이 살육 도구를 효율적으로 운용하기 위한 장비에 동력을 제공하였다. 예를 들어, 전기로 작동하는 통신 및 감시 장비를 보자. 통신 장비는 전기신호를 통해 원거리에서 즉각적으로 정보를 전달하고, 이를 통해 지휘 체계와 전술적 의사소통을 강화했다. 감시 장비는 적의 위치를 정확히 파악하여 총과 대포의 목표 조준을 지원함으로써 공격의 정밀도를 크게 향상시켰다. 최근에는 전기의 출력이 증가하면서, 전기자동차처럼 석유와 내연기관이 지배하던 영역까지도 전기가 확장되고 있다. 이는 전기가 단순히 보조적인 에너지에서 핵심적인 에너지로 변화하고 있음을 보여준다.

재미난 것은 과학기술이 발전하면서 전기에너지는 전투의 지원 수단을 넘어 직접적인 살육 도구로 활용되기 시작했다는 점이다. 그 대표적인 예로 레이저 무기를 들 수 있다. 레이저 무기는 전기에너지를 활용하여 빛의 에너지를 고도로 집중시켜 목표물을 직접 타격하는 무기다. 이 무기는 기존의 물리적 발사체와 달리, 빛의 속도로 이동하기 때문에 목표물에 거의 즉각적인 타격을 가할 수 있다. 레이저 무기의 발전은 전기에너지가 단순한 보조적 수단을 넘어 물리력을 행사하는 주체로 자리 잡게 되는 전환점을 보여준다. 이는 앞으로 전기에너지를 활용한 무기 시스템의 가능성을 확장시키며, 전장에서의 새로운 전력으로 인식되고 있다.

전기는 거기서 멈추지 않았다. 이제 전기에너지는 지금까지 누구도 상상하지 못했던 전략적 도구로서 새로운 가능성을 열어가고 있다. 이를 권투선수에 비유해 보자. 화약 기반 무기는 선수의 '글러브를 낀 손', 석유와 내연기관은 '발', 전기로 작동되는 레이더와 센서 등은 '눈'과 '귀'에 해당한다. 권투선수가 시합에서 승리하려면 상대보다 빠른 발, 더 강한 주먹, 뛰어난 동체 시력, 그리고 민감한 청각을 가져야 한다. 이를 위해 권투선수는 각 신체 요소를 발달시키고자 끊임없이 훈련한다. 하지만 지금까지 권투선수의 '머리'를 똑똑하게 만들려는 노력은 상대적으로 부족했다. 그렇다면, 상대의 데이터를 분석하고 전략을 세울 수 있는 체육학 박사 출신의 권투선수가 시합에 나간다면 어떨까? 아마도 그 선수의 승리 가능성은 더욱 높아질 것이다.

최근 AI 기술의 발전은 전기에너지가 '머리'의 역할을 수행하도록 만들며, 권투선수를 체육학 박사로 진화시키고 있다. 이제 머리부터 발끝까지 전기에너지를 활용하는 권투선수가 시합에 나서는 날도 머지않았다. 이번 챕터에서는 전기의 기초 개념부터 시작해, 전기에너지가 눈과 귀에서 손과 발, 그리고 뇌의 역할로 확장되는 과정을 살펴보자.

탈레스에서 에디슨까지: 전기의 역사

전기에 대한 본격적인 이야기를 시작하기 전에 먼저 '전기', '전자', '전하'에 대한 용어를 제대로 이해할 필요가 있다. 일상생활에서 흔히 사용하는 단어지만, 각 단어의 명확한 차이를 이해하기는 쉽지 않다. 그래도 이 세 용어의 차이를 이해하는 것은 전기에 대한 개념을 잡는 데 필수적이다.

먼저 전기부터 알아보자. 전기(electricity)는 물질 내에서 전자나 전하의 움직임을 통해 에너지를 전달하는 현상을 지칭한다. 전기는 에너지를 전달하는 매개체로 작용하며, 동시에 에너지를 지닌 형태로서 일할 수 있다.

전자(electron)는 원자의 구성 요소 중 하나로, 음전하를 띠는 입자다. 전자는 원자핵 주변을 돌고 있으며, 이 전자가 이동하면 일을 할 수 있다. 전자의 이동은 전기가 흐르는 과정에서 핵심적인 역할을 하며, 전류는 전자의 흐름에 의해 발생한다. 전자는 관측이 어려울 정도로 작은 입자이지만, 그 움직임과 상호작용은 전기 에너지를 생성하거나 방출하는 데 중요한 역할을 한다.

살육의 과학

전하(electric charge)는 물체가 지니는 전기적 성질을 의미하며, 양전하와 음전하로 나눌 수 있다. 전자는 음전하를 가지고 있으며, 양전하는 주로 양성자가 가지는 성질이다. 전하가 있는 물체는 전기장 내에서 다른 물체와 상호작용을 하며, 전하의 크기와 위치에 따라 전기적 힘이 발생한다. 즉, 전하는 전기 현상을 일으키는 근본적인 원인으로 작용하며, 전기력의 발생에 중요한 역할을 한다.

전자와 전하는 서로 영향을 주고받으며 전기적 상호작용을 만든다. 전자의 이동이나 재배치는 전하의 분포를 변화시키고, 이로 인해 전기장이 형성되거나 변화한다. 전하 간의 상호작용은 전자의 운동을 유도하며, 전자의 배치와 움직임은 전하의 상호작용 결과에 따라 달라진다. 전하가 만들어내는 전기장은 전자의 경로와 에너지 상태를 결정하고, 전자의 움직임은 다시 전하의 동적 변화를 초래한다. 이런 상호작용은 물리적 과정의 기본적인 역학을 구성하며, 다양한 전기적 현상의 원동력이 된다.

위 문장에서 등장한 '전기장'은 다소 생소할 수 있는 개념이다. 이를 이해하기 위해 '장(field)'이라는 개념부터 살펴보자. '장(field)'은 공간에 '영향력이 퍼져 있다'라고 생각하면 된다. 예를 들어, 중력장은 공간에서 중력이 얼마나 세고 어떤 방향으로 작용하는지를 나타낸다. 지구 근처에 있는 모든 물체는 지구의 중력 영향을 받으며, 이는 공간에 지구의 '중력장'이 퍼져 있기 때문이다. '전기장'도 비슷하다. 전하가 있는 곳 주변에는 '전기장'이 생기고, 이 안에 들어온 다른 전하는 밀리거나 당기는 힘을 느낀다. 즉, 장은 공간 속의 각 지점에서 힘의 크기와 방향을 정의하며, 물체나 전하가 서로 영향을 미치는 방식을 설명하는 개념이다.

정전기로 인해 고양이 몸에 스티로폼 포장재가 달라붙은 모습이다. 두 물체가 마찰할 때 전자가 이동하며 전하가 쌓이게 되는데, 마찰이 멈춘 뒤에도 이 전하는 물체에 남아 정전기 상태가 된다. 정전기는 물체를 끌어당기거나 밀어내는 힘을 가지며, 이로 인해 가벼운 스티로폼이 고양이 털에 달라붙는 현상이 발생한다. (출처: Sean McGrath, CC BY 2.0)

전기에 대한 최초의 기록은 고대 그리스 철학자 탈레스(Thales, 기원전 624년경~546년경)의 관찰에서 시작되었다. 기원전 600년경, 탈레스는 호박(amber)을 천으로 문질러 가벼운 물체를 끌어당기는 현상을 관찰했다. 오늘날 초등학생도 알 법한 이 현상의 원인은 바로 정전기였다. 영어로 'static electricity'라고 하는 정전기는 전하가 고정된 상태로 있는 전기 현상을 의미한다. 두 물체가 마찰할 때 전자가 이동하여 한쪽에 전하가 쌓이게 된다. 마찰을 멈추고 나면, 물체에 쌓인 전하는 그대로 남아있게 되는데, 이 상태가 바로 정전기다. 마찰로 인해 발생한 정전기는 다른 물체를 끌어당기거나 밀어내는 힘을 갖는다.

살육의 과학

탈레스가 관찰한 정전기는 단순한 현상이 아니었다. 이는 전기가 에너지와 밀접한 관계가 있음을 보여주는 중요한 증거였다. 전하를 가진 물체가 다른 물체를 밀거나 당길 수 있다는 사실은, 전기가 일할 수 있다는 뜻이다. 즉, 전기는 다른 물체에 영향을 미치는 에너지의 한 형태로서 물리적 힘을 행사한다. 과학이 발전하지 않았던 오래전 사람들도 정전기 현상을 보며 전기가 여러 가지 일을 할 수 있다는 것을 쉽게 예상하였다.

사실 전기가 보여주는 현상은 물의 흐름이 보여주는 현상과 유사하다. 물이 흐르면, 그 물의 흐름에 따라 에너지가 전달된다. 낙하하는 물이 물레방아를 돌리는 일을 할 수 있는 것도 이 때문이다. 여기서 '에너지가 전달된다.'라고 표현한 이유는 물은 스스로 흐르지 않고 다른 에너지로 생성된 압력(수압)에 의해 흐르기 때문이다. 깊이 있게 생각해 보면 자연에서 물을 흐르게 만드는 원동력은 태양과 중력이다. 태양 에너지가 물을 증발시켜 높은 곳으로 옮기고, 높은 곳에 있는 물은 중력에 의해 압력을 만든다. 필요하다면 인위적으로 물을 높은 곳으로 이동시켜 압력을 만들 수 있다. 때로는 물을 가열하고 부피를 팽창시켜 압력을 만들 수도 있다. 중요한 것은 물을 흐르게 하려면 어떤 에너지를 사용하든지 압력을 만들어 줘야 한다는 것이다. 압력에 의해 물이 흐르게 되면 에너지가 물의 흐름에 따라 다른 곳으로 전달될 수 있다.

전기도 마찬가지다. 물 대신 전자를 생각하면 된다. 전자가 흐르면 그 흐름을 따라 에너지가 전달되고, 이 에너지는 다양한 일을 할 수 있다. 물이 흐르기 위해 압력이 필요하듯이, 전자가 흐르기 위해서는 전압이 필요하다. 물의 흐름을 위해 태양, 중력, 열 등으로 수

압을 만드는 것처럼, 전압도 다양한 방식으로 생성된다. 예를 들어, 배터리에서는 전기화학 반응으로 전압을 만들고, 발전기에서는 전자기 유도 방식을 통해 전압을 생성한다. 이 외에도 마찰이나 열을 이용해 전압을 생성하는 방법도 있다.

하지만 물과 전자 흐름에는 중요한 차이점이 있다. 물은 전기적인 성질을 갖고 있지 않지만, 전자는 전하를 가지고 있어 그 자체로 전기장을 형성한다. 이 전기장은 주변 물체에 물리적 힘을 미치며 상호작용할 수 있다. 즉, 물은 정지한 상태에서는 다른 물체와 상호작용하지 않지만, 전자는 정지한 상태에서도 전기장을 통해 다른 물체와 상호작용할 수 있다. 전하는 전기장을 생성해 주변에 전기적 영향을 미치며, 이는 물이 가진 성질과는 본질적으로 다르다. 이러한 전기의 특성 덕분에 전기는 단순히 흐를 때뿐만 아니라 정지 상태에서도 다른 물체에 영향을 미칠 수 있다. 따라서 전기는 물과 유사하게 에너지를 전달하지만, 훨씬 더 다양한 방식으로 복잡한 상호작용을 통해 일을 수행할 수 있다.

고대 사람들은 물의 특성을 이해하고, 이를 활용함으로써 생활에 필요한 에너지를 얻었다. 하지만, 전기를 활용해 에너지를 얻는 방법은 잘 알지 못했다. 그들은 전기를 활용하면 일을 할 수 있다는 사실은 알았지만, 이를 어떻게 저장하고 제어할 수 있는지에 대한 구체적인 지식은 부족했다. 전기를 제대로 통제할 수 없었기 때문에, 이를 실질적으로 활용하는 데 큰 어려움이 있었다. 전기에너지를 효과적으로 다루기 위해서는 단순히 전기 현상을 이해하는 것을 넘어, 전기를 원하는 곳에 효율적으로 전달하고 제어하는 기술이 필요했다. 이러한 기술과 지식이 발전하는 데는 꽤 오랜 시간이 걸렸다.

전기 현상에 관한 체계적인 연구는 17세기부터 과학적 접근이 활발해지면서 시작되었다. 이 시기에 게리케(Otto von Guericke, 1602~1686)[16], 보일(Robert Boyle, 1627~1691)[17], 그레이(Stephen Gray, 1666~1736)[18]와 같은 과학자들이 정전기와 전류에 대한 실험을 진행하며 전기의 성질을 탐구했다. 18세기에는 뮈신브룩(Pieter van Musschenbroek, 1692~1761)이 최초의 전기 저장 장치인 라이덴병(Leyden jar)을 발명하며 전기 연구에 중요한 기여를 했다. 이어서, 프랭클린(Benjamin Franklin, 1706~1790)은 번개가 전기적 현상임을 밝히면서 전기 연구의 이정표를 세웠다.

18세기 후반, 이탈리아의 생리학자 갈바니(Luigi Galvani, 1737~1798)가 중요한 발견을 했다. 갈바니는 개구리의 다리를 실험하면서 두 개의 다른 금속이 접촉할 때 생체 조직이 움직이는 것을 발견했고, 이를 '생체 전기'라고 불렀다. 이 발견은 생체 내에서 전기 현상이 존재한다는 사실을 증명하는 중요한 실험이었다. 하지만 갈바니는 이 현상을 생물 내부에 존재하는 특별한 전기라고 생각했다.

그러나 볼타(Alessandro Volta, 1745~1827)는 갈바니의 이론에 의문을 품고, 실험을 통해 전기 현상이 생물 자체에만 있는 것이 아니라 금속 간의 전위차로 인해 발생한다는 사실을 밝혀냈다. 볼타는 갈바

---

16) 최초의 정전기 발생기를 개발했다. 이를 통해 전기의 생성과 특성을 탐구했다.
17) 전기가 물체에 작용하는 힘과 그 영향력을 관찰했으며, 정전기가 공기를 통해 전달될 수 있다는 사실을 실험적으로 입증했다.
18) 그는 정전기를 연구하며 전기가 물체를 통해 이동할 수 있음을 발견했다.

1801년 파리에서 나폴레옹(의자에 앉아 있는 사람) 앞에서 알레산드로 볼타가 자신이 발명한 전지(볼타 전지)를 이용해 전류 생성 방법을 시연하는 모습이다. 볼타의 시연은 전기학 발전의 중요한 순간으로, 전류 생성 원리를 과학적으로 설명하며 전지의 실용성을 입증했다. 이 장면은 전기의 역사에서 상징적인 순간으로 평가된다. (출처: Public Domain, Wikimedia Commons)

니가 관찰한 전기가 사실 금속 사이의 전위차 때문임을 확인한 것이다. 이를 바탕으로 볼타는 1800년에 최초의 전기 배터리인 볼타 배터리를 발명했다. 이 배터리는 두 개의 서로 다른 금속(아연과 구리)을 전해질에 담그면 지속해서 전기를 생산할 수 있는 장치였다. 이로써 화학적 에너지를 전기에너지로 변환할 수 있게 되었고, 이는 전기의 생산과 저장에 큰 혁신을 가져왔다.

이러한 발견은 전기에너지를 단순한 자연 현상이 아닌, 인간이 통제하고 활용할 수 있는 자원으로 인식하게 되는 중요한 계기가 되었다. 라이덴병을 통해 전기를 저장할 수 있다는 개념이 처음 제시되었고, 이어서 볼타의 배터리 발명으로 전기를 지속해서 생산할 수 있는 길이 열리면서, 전기에너지는 미래에 변화를 이끌 중요한 자원으로 주목받기 시작했다.

이처럼 전기의 발견과 저장이 과학적 호기심을 자극하는 데는 성공했지만, 전기를 상업적으로 활용하기에는 전기의 생산량이 턱없이 부족했다. 정전기와 배터리가 아닌 다른 방식으로 대규모의 전기를 생산하는 방법이 필요했다. 그 당시 산업을 주도했던 미국은 풍부한 수자원을 바탕으로 수력 발전 방식에 눈을 돌렸다. 오대호, 미시시피강, 오하이오강과 같은 대규모 수자원을 보유한 지역에 수력발전소가 건설되었다. 그렇게 전기의 생산량이 풍부해지자 전기는 점차 산업과 일상생활의 중요한 에너지원으로 자리 잡아갔다. 수력발전소들은 안정적이고 대량의 전력을 공급할 수 있어 공장들이 자연스럽게 강가와 호수 주변으로 몰려들었고, 이러한 지역들은 미국 산업의 중심지로 성장하면서 국가 산업 발전의 기반을 다졌다.

이 과정에서 에디슨(Thomas Edison, 1847~1931)의 역할은 특히 주목할 만하다. 에디슨은 전기를 더욱 효율적으로 활용하는 방법을 연구하면서 대표적인 발명품인 전구를 개발했다. 당시 조명은 석유나 가스와 같은 연료에 의존했지만, 에디슨의 전구는 이를 전기로 대체할 혁신적인 대안으로 제시되었다. 그는 단순히 전구를 발명하는 데 그치지 않고, 이를 상업화하는 데도 성공했다. 특히, 뉴욕의 가로등 프로젝트는 에디슨 전구의 상업적 성공을 상징하는 대표적인 사례였다. 전기 가로등은 기존의 가스등을 대체하며 도시의 야경을 혁신적으로 바꾸어 놓았다. 전기를 이용한 조명은 사람들에게 큰 충격을 주었고, 전기가 실생활에서도 유용한 에너지원임을 증명했다. 이렇게 전구의 상업적 성공을 계기로 전기는 빠르게 대중화되며, 현대 사회의 필수적인 에너지원으로 자리 잡게 되었다.

  잘 알려진 사실은 아니지만, 에디슨은 배터리 개발에도 깊은 관심을 가지고 연구에 매진했다. 그는 전기의 저장과 활용 가능성을 확장하기 위해 화학 연구소를 설립하고 배터리 기술을 발전시키는

토마스 에디슨이 자신이 개발한 축전지를 이용해 전력을 공급하는 전기 자동차를 시연하는 모습이다. 에디슨은 전기 자동차가 석유 기반 차량의 대안이 될 수 있다고 보았으며, 그의 축전지는 전기 자동차의 초기 기술 발전에 중요한 역할을 했다. (출처: Public Domain, Wikimedia Commons)

살육의 과학

데 심혈을 기울였다. 에디슨의 배터리 연구는 단순히 전구와 가로등에만 국한되지 않았으며, 전기를 교통수단에까지 적용하려는 시도로 이어졌다. 그는 당시 내연기관 차량과 경쟁할 수 있는 전기자동차를 개발하고자 했는데, 이는 전기 기술의 적용 범위를 넓히려는 중요한 도전이었다.

에디슨의 중요한 역할은 전기의 생산량, 저장량, 그리고 출력이 증가하면 더 다양한 분야에 활용할 수 있다는 가능성을 보여준 데 있다. 그는 전기를 단순히 조명에 사용하는 데 그치지 않고, 이를 운송 수단에도 접목하려고 노력함으로써 전기에너지가 가진 잠재력을 새롭게 정의했다. 비록 그의 전기자동차가 상업적 성공을 거두지는 못했지만, 이는 이미 대중화된 전기자동차의 전신이 되는 중요한 기술적 시도로 평가된다.

오지랖 넓은 에너지원: 전기의 스펙트럼

화약과 전기의 발전 과정을 비교해 보면 흥미로운 차이가 드러난다. 화약은 발견 직후부터 강력한 폭발력과 직관적인 살상 능력 덕분에 곧바로 군사 무기로 자리 잡았다. 반면 전기는 화약보다 일찍 발견되었지만, 이를 전투에 효과적으로 활용할 방법을 찾기까지 오랜 시간이 걸렸다. 당시 전기가 제공할 수 있는 에너지는 너무 약했고, 이를 실용적으로 사용할 기술도 부족했기 때문에 전기를 직접적인 살상이나 파괴의 도구로 쓰기에는 한계가 있었다.

그런데도 사람들은 전기를 전투에 활용하려는 노력을 멈추지 않았다. 그 이유는 전기가 도체를 통해 먼 거리까지 흐를 수 있고, 흐름을 쉽게 제어할 수 있는 특성 때문이었다. 이 덕분에 전기는 출력이 약하더라도 정보를 빠르게 전달하는 수단으로 주목받기 시작했다. 사람들은 전기가 장거리 정보 전달에 적합하다는 점을 깨닫고, 전선을 활용한 유선 통신을 개발했다. 초기에는 특정한 두 지점만 연결했지만, 점차 여러 지점을 잇는 복잡한 유선 통신망이 구축되었다. 이러한 통신망은 서로 연결된 신경망처럼 작동하여, 군대 내에서는 필수적인 정보 전달 체계로 자리 잡게 되었다. 군대에서는 빠르고 정확한 정보 전달이 중요했기 때문에, 전기는 이 부분에서 중요한 역할을 하게 된 것이다.

전장에서 전기의 등장은 전투의 양상도 크게 바꾸었다. 이전까지는 모든 전투가 눈에 보이는 방식으로만 이루어졌지만, 전기신호를 이용한 통신이 도입되면서 눈에 보이지 않는 정보전이 가능해진 것이다. 시간이 흐르며 전기의 출력이 점차 증가하면서 유선 통신은 무선통신으로 발전했고, 더 나아가 전자기파를 이용한 적 탐지 기술인 레이더도 개발되었다. 2차 세계대전 당시, 연합군은 레이더를 통해 독일의 잠수함과 폭격기를 실시간으로 탐지하여 해상과 공중에서 신속히 대응할 수 있었다. 이로 인해 전쟁에서 정보의 우위를 차지하고 적의 기습을 방어하는 데 결정적인 역할을 할 수 있었다. 이렇게 전기 기반의 통신과 탐지 장치는 직접적인 살상 무기는 아니었지만, 군대의 기동성과 대응 능력을 크게 향상시켰다.

전기는 시간이 흐를수록 전투에 더욱 깊숙이 관여하게 되었다. 전기에너지를 생산하고 저장하는 기술이 발전하면서 전기의 출력과 효율이 많이 증가했고, 특히 리튬이온배터리의 등장으로 더 많은 전기에너지를 저장할 수 있게 되었다. 이로 인해 전기는 통신 수단을 넘어 운송 수단의 에너지원으로 자리 잡기 시작했다. 전기 기반 차량이 연구되고 개발되면서 군사 작전에서도 화석 연료에 대한 의존을 줄일 수 있는 새로운 방법이 제시되었다.

또한, 과학기술의 발전으로 전기에너지의 출력이 향상되면서, 전기에너지가 살상이나 파괴의 도구로도 사용될 가능성이 높아졌다. 이는 화석 연료도 넘보지 못했던 영역이다. 레이저 무기와 고출력 전자기파(EMP, Electromagnetic Pulse) 무기의 등장은 전기 기반 무기가 미래 전장에서 중요한 역할을 할 수 있음을 보여준다. 레이저 무기는 높은 정확성과 강력한 파괴력으로 특정 목표를 정밀하게 타격할 수 있고, EMP 무기는 넓은 범위에서 전자 장비를 무력화할 수 있다.

결론적으로 전기는 미약한 에너지원으로 시작했지만, 통신에서 지향성에너지 무기에 이르기까지 점차 강력한 에너지원으로 진화해왔다. 이는 단순히 과학기술 발전에 따라 출력이 증가했기 때문만은 아니다. 전기가 가진 독보적인 유연성이 이러한 변화를 가능하게 했다. 전기는 약한 출력으로도 정보 전달과 제어라는 핵심적인 역할을 수행했으며, 기술이 발전함에 따라 강력한 무기로도 활용되고 있다. 다시 말해, 전기는 출력이나 에너지양에 상관없이 전투에 직간접적으로 깊이 관여해 온 에너지원이다.

특히 흥미로운 점은 이러한 스펙트럼의 확장성이 화약, 석탄, 석유와 같은 다른 에너지원과는 차별된다는 것이다. 화약은 강력한 폭발력을 통해 목표물을 효과적으로 파괴할 수 있지만, 정보 전달이나 운송 같은 용도로는 활용하기 힘들다. 석탄과 석유는 높은 출력을 제공하지만, 활용 방식이 제한적이고 정밀한 출력 제어가 어렵다는 단점이 있다. 반면, 전기는 약한 출력부터 강력한 출력까지 폭넓게 사용할 수 있을 뿐 아니라 정밀한 출력 제어도 가능하다. 더 나아가 전기는 AI와 결합하면서 새로운 차원의 가능성을 열어가고 있다. AI는 전기의 유연성을 극대화하며, 에너지를 얼마나 효율적으로 분배하고 집중할지를 지능적으로 관리할 수 있게 한다. 화석 연료나 화약이 에너지를 발산하고 소비하는 절대량에 초점을 맞췄다면, 전기는 AI를 통해 에너지의 흐름과 활용 방식을 정교하게 제어할 수 있다는 점에서 독보적인 차별성을 가진다.

이러한 점에서 전기는 현재 가장 유연하고 다재다능한 에너지원이라 할 수 있다. 바로 이 때문에 전기를 '오지랖 넓은 에너지원'이라 부르는 것이 적합하지 않을까? 전기의 끝없는 가능성과 활용 범위를 고려한다면, 이는 단순한 수사가 아니라 전기의 본질을 드러내는 표현이라 할 수 있다. 특히, AI와 결합한 전기는 이제 단순히 유연한 에너지원에 머무르지 않고, 에너지 관리와 활용의 패러다임 자체를 변화시키고 있다.

닷과 대시의 힘: 전신

'통신(通信, communication)'이란 정보를 전달하는 모든 형태를 포괄하는 개념이다. 일상적인 대화, 편지 교환, 신호 전달 등이 모두 여기에 포함된다. 과거에는 통신 수단이 제한적이었기 때문에, 사람을 통해 직접 메시지를 전하거나 깃발과 불을 이용한 신호 체계를

미국 남북전쟁 당시 유선통신망을 구축하는 병사. 전신과 같은 유선통신은 명령 전달 및 군사 작전에 중요한 역할을 했으며, 이는 전략적 의사결정의 신속성을 크게 향상시켰다. (출처: Public Domain, Wikimedia Commons)

사용할 수밖에 없었다. 이러한 방법은 장거리 통신 속도가 느리고, 전달 과정에서 정보가 왜곡될 가능성이 컸다. 그러나 전기가 활용되면서 통신 기술은 혁신적으로 발전하게 되었다. 전기신호는 빛의 속도에 가까운 속도로 전달되기 때문에, 전선을 연결하거나 분리하는 것만으로도 정보를 거의 실시간으로 전송할 수 있게 되었다. 이렇게 전선의 연결과 분리를 통해 전기신호를 주고받고, 이를 규칙적인 부호로 해석하여 정보를 송수신하는 기술이 바로 전신(電信, telegraph)이다. 전신 기술은 단순하면서도 효율적이어서 초기 통신 기술의 발전을 이끌었다.

전신 기술의 발전에 크게 이바지한 인물은 모스(Samuel Morse, 1791~1872)이다. 모스는 전기신호를 효율적으로 전달하고 해석할 방법을 고민하다가 1837년에 '모스 부호(Morse Code)'라는 체계를 고안했다. 모스 부호는 짧은 '닷(dot)'과 긴 '대시(dash)'로 전기신호의 길이를 구분하고, 이들을 조합해 알파벳(Alphabet)과 숫자를 표현하는 방식이다. 이 간단하면서도 효과적인 부호 체계 덕분에 전신은 장거리에서도 신속하고 정확한 정보를 전달할 수 있게 됐고, 특히 군사와 상업 분야에서 빠르게 확산되었다. 모스의 발명은 새로운 통신 도구를 제시하는 것에서 그치지 않고, 전신망이 전 세계로 퍼져나가며 현대 통신 혁명의 기반을 다지는 데 크게 기여했다.

19세기 중반, 전신 기술의 발전은 전기를 군사 작전에 본격적으로 활용하게 만드는 계기가 되었다. 전신 장치는 군대 간 빠르고 효율적인 통신을 가능하게 하여 전략적 우위를 확보하는 데 중요한 역할을 했다. 전신 통신은 상대적으로 적은 전기에너지를 소모했지만, 상대적으로 그 중요성은 컸다. 이 기술 덕분에 군대는 실시간으로 명령을 전달하고 전투 상황을 신속히 보고받으며, 즉각적인 전술적 결정을 내릴 수 있었다.

전신이 군사 작전에 본격적으로 사용된 대표적인 예는 미국 남북전쟁(1861~1865)이다. 북군은 전신망을 광범위하게 활용하여 부대 간 통신을 유지했고, 링컨(Abraham Lincoln, 1809~1865) 대통령은 전신을 통해 주요 군사 작전 명령을 직접 전달할 수 있었다. 전신 덕분에 병력 이동과 전략적 대응이 훨씬 신속해졌고, 이는 전쟁의 양상을 바꾸는 중요한 요소로 작용했다. 또한, 크림 전쟁(1853~1856)에서도 전신은 중요한 역할을 했다. 러시아와 연합군 간의 충돌에서

모스 부호(좌)와 전신기 키 및 사운더(우). 전신기의 손잡이를 누르면 전기 신호가 켜지고, 놓으면 꺼지며, 이를 통해 점과 선으로 이루어진 모스 부호를 전달한다. 사운더는 수신된 신호를 소리로 변환해 운영자가 메시지를 들을 수 있도록 한다. 이 장치는 19세기 통신 혁명의 핵심 도구로, 전 세계 실시간 의사소통의 기틀을 마련했다. (출처: Public Domain, Wikimedia Commons)

영국과 프랑스는 전신을 통해 신속하게 정보를 교환할 수 있었고, 이는 전략적 이점을 제공했다.

공중으로 흐르는 전기파: 무선통신

전선(cable)을 사용하지 않는 무선통신의 가능성은 19세기 중반의 과학적 발견에서 시작되었다. 이 분야에 중요한 기여를 한 과학자는 마이클 패러데이(Michael Faraday, 1791~1867)이다. 그의 업적을 이해하려면 1820년부터 시작해야 한다. 1820년, 외르스테드(Hans Christian Ørsted, 1777~1851)는 전선 아래 나침반을 두고 전류를 흘렸을 때 나침반이 움직이는 실험을 통해 전기가 자기장을 생성할 수 있음을 확인했다. 하지만 자기장에서 전기를 생성하는 방법은 오랫동안 밝혀지지 않았다.

과학에서는 대칭성이 중요한 개념으로, 전기에서 자기를 만들 수 있다면 반대로 자기에서 전기를 만드는 것도 가능해야 한다. 이는 위치에너지가 운동에너지로, 운동에너지가 다시 위치에너지로 전환되는 것과 유사하다. 전기와 자기의 이러한 대칭성을 체계적으로 입증한 사람이 바로 패러데이다. 그는 1831년, 전기와 자기의 관계를 연구하며 전자기 유도 법칙을 발견했다. 코일 내부에서 자석을 왕복 운동시키는 실험을 통해 전기를 유도하며, 자석의 움직임과 전류 발생 간의 관계를 명확히 했다. 패러데이의 실험은 전기와 자기의 상호작용을 설명하며 전자기 유도 원리를 확립했다. 그의 연구는 공간에서 전자기적 상호작용을 통해 에너지가 전달될 수 있다는 가능성을 시사했다.

패러데이의 연구를 바탕으로 맥스웰(James Clrk Maxwell, 1831~1879)은 전자기파 이론을 집대성하며 과학사에 큰 업적을 남겼다. 맥스웰은 전기와 자기장이 상호작용을 하며 결합한 형태로 공간을 통해 이동할 수 있다는 것을 설명하는 방정식을 완성했다. 이 방정식, 이른바 맥스웰 방정식은 전기와 자기의 현상을 하나의 이론으로 통합한 것으로, 전자기파가 빛의 속도로 이동한다는 것을 수학적으로 증명했다. 특히, 그는 패러데이의 실험적 관찰을 수학적으로 체계화하여, 전기와 자기장이 시간적으로 변화하며 서로를 유도하는 과정이 파동 형태로 나타난다는 것을 명확히 했다. 이를 통해 맥스웰은 전기에 대한 고전역학의 완결판을 제공했으며, 그의 이론은 이후 무선통신, 전자기파, 광학 등의 발전에 기초가 되

살육의 과학

1856년 영국 왕립연구소에서 일반 대중을 대상으로 크리스마스 강연을 하는 패러데이(책상 뒤에 서 있음). 참고로 아인슈타인은 마이클 패러데이를 매우 존경했다. 그는 패러데이가 이론 물리학의 수학적 표현이 부족했음에도 불구하고 전자기학의 핵심 개념을 발견하고 체계화한 점에서 놀라운 통찰력을 가진 과학자라고 평가했다. (출처: Public Domain, Wikimedia Commons)

었다. 또한, 빛이 전자기파의 일종임을 예측하여 물리학에서 전자기학과 광학을 통합하는 중요한 역할을 했다. 그의 연구는 현대 전자기학의 기초를 이루며, 물리학의 이론적 틀을 확장하는 데 크게 기여했다.

맥스웰의 이론은 당시 실험적으로 증명되지 않았지만, 헤르츠(Heinrich Hertz, 1857~1894)[19]가 1880년대에 맥스웰의 이론을 실험으

---

19) 전자기파의 존재를 실험적으로 증명한 과학자로, 그의 이름을 따서 주파수의 단위인 헤르츠(Hz)가 명명되었다. 1 Hz는 1초에 한 번 발생하는 주기적 현상, 즉 1초당 1회의 진동을

로 검증하며 전자기파가 실제로 존재하고 공기를 통해 전송될 수 있음을 입증했다. 헤르츠는 전기신호가 공기 중으로 나가고 다시 수신될 수 있다는 실험을 통해 무선통신의 가능성을 처음으로 증명했다.

이후 마르코니(Guglielmo Marconi, 1874~1937)가 이 기초 연구들을 바탕으로 무선통신을 실용화했다. 마르코니는 1890년대 후반 전자기파를 이용한 장거리 통신을 실험으로 입증하면서 무선 전신 기술을 개발했다. 1897년에는 최초로 무선 전신 신호를 송신하는 데 성공했고, 이는 정보 전달 방식을 크게 변화시켰다. 1901년에는 대서양을 가로질러 무선 신호를 송신하는 데 성공하면서 무선통신이 장거리에서도 가능하다는 점을 증명했다.

무선통신이 전투에서 처음 사용된 것은 20세기 초 1차 세계대전 즈음이었다. 유선 통신이 전투에 사용된 지 약 50년 만에 무선통신이 등장한 것이다. 특히, 1차 세계대전 동안 무선통신은 해군과 공군에서 널리 사용되었다. 육지와 달리 바다와 하늘에서는 통신을 위한 전선을 설치할 수 없었기 때문에 무선통신은 이 문제를 효과적으로 해결해 주었다. 덕분에 함정과 항공기 간의 연락이 가능해져 작전 효율성이 크게 높아졌고, 정보 전달 속도가 빨라져 적의 움직임을 신속히 파악하고 대응할 수 있었다. 하지만 초기 무선통신은 보안이 취약해 적군이 신호를 도청하는 문제가 있었으며, 이를 해결하기 위해 암호화 기술이 발전하면서 무선통신의 군사적 사용은 더욱 확산되었다.

의미한다. 이는 전자기파와 같은 파동의 빈도를 측정하는 데 사용된다.

살육의 과학

무선통신의 원리

우리가 휴대전화로 통화하거나 와이파이(WIFI)를 사용하고, 라디오를 들을 때, 모두 전자기파가 정보를 전달하는 데 사용된다. 무선통신은 전자기파를 통해 신호를 보내고 받는 과학적 원리로 작동하며, 이 과정을 알면 무선통신 기술이 어떻게 작동하는지 이해할 수 있다.

전자기파는 진동하는 전기장과 자기장이 상호작용하며 공간을 통해 전달되는 파동이다. 즉, 전자기파는 변화하는 전기장이 자기장을 만들고, 다시 변화하는 자기장이 전기장을 만드는 과정을 반복하며 퍼져나간다. 전자기파는 빛의 속도에 가깝게 빠르고, 진공 상태에서도 이동할 수 있는 특징을 가지고 있다.

전자기파는 파장의 길이에 따라 여러 종류로 나뉘며, 각 파장은 고유한 특성을 가진다. 예를 들어 파장이 짧은 전자기파는 정보를 빠르게 전달할 수 있지만, 장애물에 부딪히기 쉽고 장거리로 전달되기 어렵다. 반면, 파장이 긴 전자기파는 정보를 비교적 느리게 전달하지만, 장애물을 잘 통과하고 장거리까지 퍼져나갈 수 있다.

무선통신에서는 주로 라디오파나 마이크로파처럼 파장이 긴 전자기파가 사용된다. 이 전자기파들은 건물이나 자연 장애물을 잘 통과하기 때문에 장거리 통신에 적합하다. 무선통신의 기본 원리는 이러한 전자기파를 특정 방식으로 변조해 정보를 실어 보내고, 수신 측에서 이를 해석하여 정보를 얻는 것이다.

무선통신의 과정을 조금 더 자세히 살펴보자. 무선통신의 첫 단계는 송신이다. 송신기는 보내려는 정보를 전자기파로 변환하여

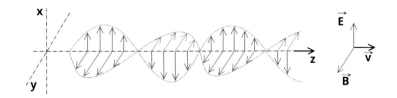

Z축 방향으로 진행하는 선형 편파 전자기파를 나타낸 그림이다. E는 전기장의 방향과 크기를, B는 이에 수직인 자기장을 나타낸다. 전기장(E)과 자기장(B)은 서로 직교하며 위상이 동일하게 변화한다. 이 조합으로 전자기파가 진행하며, 이는 전자기학의 기본 원리 중 하나를 보여준다. (출처: SuperManu, CC BY-SA 3.0)

공중으로 내보내는 장치다. 여기서 중요한 역할을 하는 것이 바로 안테나(antenna)다. 안테나는 전기신호를 받아 이를 전자기파로 변환한다. 예를 들어, 우리가 통화하거나 데이터를 전송할 때 이 정보는 먼저 전기신호로 변환된다. 그런 다음, 이 신호는 특정 주파수로 변조되어 안테나로 전달된다. 안테나에 흐르는 전류가 변할 때마다 주변에 전기장과 자기장이 만들어지며, 이로 인해 전자기파가 생성되어 안테나에서 발사된다. 송신기에서 생성된 전자기파는 고유한 주파수를 가지며, 이는 전송하려는 정보의 특성에 따라 달라진다.

송신기에서 발사된 전자기파는 공기나 진공을 통과해 이동한다. 전자기파는 매질 없이도 이동할 수 있어 진공에서는 손실 없이 전달되며, 공기에서는 약간의 손실이 있지만, 여전히 장거리로 전달될 수 있다. 전자기파는 직선으로 이동하지만, 대기나 지구의 곡률에 따라 반사되거나 굴절될 수 있다.

수신기에 있는 안테나는 공중의 전자기파를 포착해 이를 전기신호로 변환한다. 수신기는 이 신호를 음성, 데이터, 영상 등 우리가

살육의 과학

이해할 수 있는 형태로 처리한다. 수신기는 송신기에서 발사된 특정 주파수의 전자기파만을 선택적으로 받아들이기 때문에, 수많은 신호 중에서도 원하는 정보만을 선택해 낼 수 있다. 이를 '주파수 선택'이라 하며, 수신기가 정확한 정보를 받아들이는 데 중요한 역할을 한다.

무선통신은 송신기에서 전기신호를 전자기파로 변환해 공중으로 발사하고, 이 전자기파가 수신기에 도달해 다시 전기신호로 변환되는 과정을 통해 이루어진다. 이 원리는 맥스웰의 전자기학 이론에 기반하며, 현대 모든 무선통신 시스템의 기초 과학으로 자리 잡았다. 무선통신은 전선을 사용하지 않지만, 전자기파를 안정적으로 송수신하기 위해 유선통신보다 더 많은 전기에너지가 필요하다. 특히, 전자기파를 주고받는 거리가 길어질 수록 더 많은 전기에너지가 요구된다.

투명한 눈으로 전장을 보다: 레이더

통신 이후 전투에서 전기가 사용된 중요한 분야는 레이더(Radar)였다. 레이더는 전자기파를 이용해 물체의 위치, 속도, 방향을 탐지하는 기술이다. 'RAdio Detection And Ranging'의 약자인 레이더는 1930년대 말 개발되어 2차 세계대전에서 본격적으로 사용되었다.

레이더의 기본 원리는 송신된 전자기파가 물체에 부딪혀 반사되는 신호를 수신해 물체의 위치와 속도를 파악하는 것이다. 전자기파는 빛의 속도로 이동하므로 반사파가 돌아오는 시간을 계산해

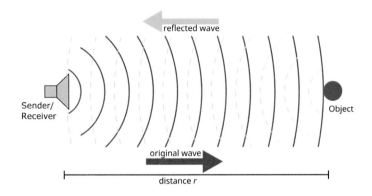

레이더의 원리. 레이더는 전자기파를 송출해 목표물을 탐지하는 기술이다. 송신기가 전자기파를 발사하면, 목표물에 부딪혀 반사된 신호를 수신기로 받아 분석한다. 반사파의 도착 시간과 전자기파 속도를 이용해 목표물까지의 거리를 계산하고, 주파수 변화를 통해 속도와 방향도 추정할 수 있다. 이 과정을 반복해 목표물을 실시간으로 탐지하고 추적한다. (출처: Georg Wiora, CC BY-SA 3.0)

물체까지의 거리를 알 수 있다. 또한, 반사 신호의 강도와 패턴을 분석하면 물체의 크기나 재질에 대한 정보도 얻을 수 있다. 예를 들어, 금속 물체는 강한 신호를 반사하는 반면, 작은 물체는 약한 신호를 반사하기 때문에 크기나 밀도도 어느 정도 파악할 수 있다.

무선통신과 레이더 기술은 모두 전자기파를 사용하지만, 목적과 방식에서 차이가 있다. 무선통신은 주로 정보를 주고받는 데 사용되며, 낮은 출력의 전자기파로도 충분히 통신이 가능하다. 반면, 레이더는 물체의 위치와 속도를 정확히 파악하기 위해 높은 출력의 전자기파와 복잡한 신호 처리가 필요하다. 이로 인해 레이더는 통신 시스템에 비해 많은 전력을 소비하고, 정밀한 신호 처리를 요구한다.

레이더는 단순한 탐지 장비를 넘어, 군사적 우위를 확보하기 위

살육의 과학

1945년, 영국 서식스 폴링에 설치된 체인 홈 레이더. 왼쪽에는 세 개(원래는 네 개)의 송신기 타워가 있고, 그 사이에 송신기 안테나가 매달려 있으며, 전면에 송신기 건물이 있다. 오른쪽에는 마름모꼴 형태로 배치된 네 개의 수신기 타워가 있고, 그 중앙에 수신기 건물이 있다. (출처: Public Domain, Wikimedia Commons)

한 핵심 기술로 자리 잡았다. 2차 세계대전 당시, 영국은 동쪽 해안에 '체인 홈(Chain Home)' 레이더 기지를 설치해 독일 공군의 공습을 사전에 탐지하고 신속히 대응할 수 있었다. 이는 영국이 독일 공군의 대규모 공습을 방어할 수 있게 해주었고, 레이더가 전쟁의 판도를 바꿀 수 있는 기술로 주목받는 계기가 되었다.

그 당시 해상에서도 레이더는 중요한 역할을 했다. 1941년 비스마르크(Bismarck) 전투에서 영국 해군은 레이더를 사용해 독일 전함 비스마르크를 추적하고 격침시킬 수 있었다. 또한, 영국 해군은 레이더로 독일의 U-보트가 수면 위로 떠 오르는 순간을 포착해 공격할 수 있었다. 이를 통해 영국은 해상 보급로를 방어하는 데 큰 이점을 얻었다.

레이더가 작동하려면 전기가 필수적이며, 소모 전력은 레이더의 종류와 용도에 따라 크게 달라진다. 출력, 탐지 거리, 신호 처리 능력 등 레이더 성능은 전력 소비와 밀접하게 연관된다. 전기와 레이더 성능의 상관관계를 이해하기 위해 몇 가지 핵심 개념을 살펴보자.

첫째, '전력 밀도'는 레이더가 얼마나 강한 신호를 내보내는지를 나타낸다. 쉽게 말해, 레이더가 사용하는 안테나의 크기에 비해 얼마나 많은 전기를 쏟아붓는지 보는 것이다. 예를 들어, 자동차에 쓰이는 소형 레이더는 작은 안테나에서 약간의 전력만 사용하기 때문에 전력 밀도가 낮다. 반면, 멀리 있는 물체를 탐지하는 군사용 레이더는 커다란 안테나에 높은 전력을 사용하여 더 강한 신호를 발사한다.

둘째, '효율성'은 레이더 시스템이 전기를 얼마나 잘 사용하는지를 보여준다. 자동차용 소형 레이더는 설계가 효율적이어서 사용하는 전기의 대부분을 신호를 내보내는 데 쓸 수 있다. 반면, 고출력 군사용 레이더는 열을 식히거나 다른 부속 장치를 운영하는 데 많은 전력을 사용하므로 효율이 상대적으로 낮다.

셋째, '탐지 에너지'는 레이더가 특정 물체를 발견하는 데 필요한 총 전력 소비량을 나타낸다. 이는 출력 전력과 펄스 지속 시간의 함수로 정의된다. 예를 들어, 자동차 레이더는 몇 미터 앞의 차량을 탐지하는 데 적은 전기만 필요하다. 반면, 군사 레이더는 수백 킬로미터 떨어진 목표를 탐지해야 하므로 훨씬 더 많은 에너지를 사용한다.

요약하자면, 작은 레이더는 적은 전기로 작동할 수 있지만, 더 멀리 있는 물체를 탐지하거나 더 강력한 신호를 보내야 하는 레이더는 훨씬 더 많은 전기를 필요로 한다. 이는 레이더가 단순한 도구를 넘어선 복합적인 시스템임을 보여준다. 성능을 높이려면 에너지 투입이 필수적이라는 점에서, 레이더는 칼과 총포와 유사하다. 물론, 사용 재료와 설계 기술의 발전으로 레이더의 효율성을 높일 여지는 있다. 그러나 탐지 거리나 탐지율을 획기적으로 증가시키려면 결국 더 많은 전기에너지가 필요하며, 발생하는 열을 관리하기 위한 추가적인 에너지와 장비가 요구된다는 점은 변함없는 사실이다.

탐색 레이더 & 추적 레이더

군에서는 레이더를 크게 탐색 레이더와 추적 레이더로 나누어 사용한다. 두 레이더는 각각 고유한 기능을 통해 상호 보완적으로 작동한다. 탐색 레이더는 넓은 범위를 감시해 목표물을 찾아내는 역할을 한다. 이 레이더는 전자기파를 여러 방향으로 방사해 목표물의 존재를 탐지하며, 전자기파가 목표물에 닿아 반사되어 돌아오면 그 신호를 수신해 물체의 거리와 각도를 계산한다. 주로 공군, 해군, 지상군에서 적 항공기, 함정, 미사일 등의 접근을 탐지하는데 활용되며, 초기 경보를 통해 군이 신속하게 대응할 수 있도록 돕는다.

탐색 레이더는 일반적으로 넓은 범위를 탐지하기 위해 안테나가 지속적으로 회전하는 구조로 되어 있다. 안테나가 한 방향으로 전

MW-08 탐색 레이더. MW-08 탐색 레이더는 중거리 감시 및 목표물 탐지에 사용되는 레이더 시스템이다. 이 레이더는 고주파 전자기파를 활용해 목표물의 위치와 이동 정보를 실시간으로 수집하며, 주로 해군 함정에서 공중 및 해상 표적 탐지, 추적, 전투 시스템 연계 등에 사용된다. (출처: SV1XV, CC BY-SA 3.0)

자기파를 송출할 때, 그 방향에서만 신호를 받을 수 있기 때문이다. 탐색 레이더는 넓은 범위를 감시하는 데 효과적이지만, 모든 방향의 정보를 실시간으로 제공하기는 어렵다는 한계가 있다. 특정 방향에서 긴급한 위협이 발생할 경우, 그 방향으로 탐색 레이더의 안테나를 고정해 탐지할 수 있지만, 이 경우 다른 방향의 위협은 탐지하지 못할 수 있다. 그래서 탐색 레이더는 위협의 존재 여부나 상세한 데이터 획득과는 상관없이 계속해서 회전하도록 설계되어 있다.

반면 추적 레이더는 탐색 레이더가 탐지한 목표물을 지속적으로

STIR-180 추적레이더. STIR-180 추적 레이더는 고정밀 표적 추적 및 화력 통제에 사용되는 레이더 시스템이다. 주로 해군 함정에 장착되어 공중 및 해상 표적을 정밀하게 추적하며, 미사일 유도와 화력 통제 시스템과 연동된다. 이 레이더는 높은 주파수 대역과 정밀한 방향성을 통해 빠르게 움직이는 표적에 대한 신뢰성 높은 데이터를 제공한다. (출처: 玄史生, CC BY-SA 3.0)

추적하며, 위치, 속도, 방향 등 세부 정보를 실시간으로 제공하는 역할을 한다. 추적 레이더는 특정 목표물에 전자기파를 계속해서 방사하여 목표물의 이동 경로를 정밀하게 추적하고, 이를 바탕으로 무기체계가 목표물을 정확히 명중할 수 있도록 데이터를 제공한다.

이러한 특성 때문에 탐색 레이더와 추적 레이더는 군사 작전에서 상호 보완적으로 사용된다. 예를 들어, 대한민국 해군의 광개토대왕급 구축함(KD-I급)에는 이러한 탐색 및 추적 레이더가 모두 탑재되어 있다. 이 함정의 탐색 레이더는 MW-08 3차원 레이더로, 항공기와 미사일, 해상 목표물을 광범위하게 탐지할 수 있다. MW-08

레이더는 360도 회전하며 최대 140km 거리까지 탐지할 수 있어, 다양한 위협에 대한 초기 경고 역할을 한다. 특히 거리, 방향, 고도 정보를 동시에 제공하여 빠른 대응이 가능하다.

KD-I급 구축함에는 STIR-180 추적 레이더가 설치되어 있다. STIR-180은 목표물에 전자기파를 집중적으로 발사해 최대 120km 거리까지 추적하며, 위치, 속도, 방향 정보를 실시간으로 수집한다. 이 레이더는 주로 함대공 미사일과 연계되어 미사일이 목표물을 정확히 명중하도록 유도하며, 고해상도 추적 능력을 통해 전투 상황에서 정밀성과 대응력을 크게 향상시킨다.

이러한 레이더 운용 방식의 차이로 인해, 레이더 신호를 수신한 측에서는 이를 분석해 상대방의 의도를 파악하려고 시도하기도 한다. 예를 들어, 탐색 레이더 신호는 단순히 감시·정찰 목적으로 이해될 수 있지만, 추적 레이더 신호는 특정 목표물을 정밀히 추적하며 공격을 준비하는 것으로 해석될 수 있다. 2018년 동해에서 벌어진 한일 간의 레이더 사건은 이러한 레이더 신호의 해석이 얼마나 중요한지를 보여준다. 당시 한국 해군의 광개토대왕함이 일본 해상자위대의 P-1 초계기에 추적 레이더를 사용한 사건에서 일본 측은 한국 해군이 공격할 의도를 가졌다고 주장하였다. 반면 한국 측은 북한 선박을 구조 작업을 위한 조치였다고 설명했다. 이 사건은 레이더 신호가 군사적 긴장 상황에서 중요한 전략적 정보로 활용될 수 있음을 잘 보여준다. 레이더가 발사하는 전자기파는 눈에 보이지 않지만, 이를 발사하는 쪽과 수신하는 쪽 모두에게 중요한 정보를 담고 있다. 흥미로운 점은, 눈에 보이지 않는 이 전자기파가 상황에 따라 전쟁을 방지하는 도구가 될 수도 있지만, 반대로 전쟁을 야기하는 원인이 될 수도 있다는 것이다.

위상배열 레이더

기존의 탐색 레이더와 추적 레이더는 각각 탐지와 추적에 특화되어 있었지만, 여러 표적을 동시에 처리하는 데에는 한계가 있었다. 다수의 미사일이나 항공기가 동시에 접근할 때 전통적인 탐색 레이더는 모든 위협을 탐지하는 데 시간이 걸리고, 추적 레이더는 개별 목표를 하나씩 추적해야 하므로 실시간 대응이 어려웠다. 이러한 한계를 극복하기 위해 위상배열 레이더가 개발되었다.

위상 배열 레이더를 이야기할 때 떠오르는 대표적인 무기체계가 있다. 바로 미 해군이 자랑하는 이지스함이다. 초기 이지스함에 탑재된 SPY-1 레이더 시스템은 강력한 성능으로 이지스함이 '신의 방패'라는 별칭을 얻는 데 중요한 역할을 했다. 이 시스템은 4개의 고정형 레이더 안테나로 구성되어 있으며, 각각 약 90도의 범위를 커버해 전체 360도를 빠르고 효율적으로 탐지하고 동시에 추적할 수 있다. 이를 통해 SPY-1 레이더는 다수의 목표물을 한꺼번에 처리할 수 있으며, 여러 방향에서 접근하는 위협에도 신속히 대응할 수 있는 능력을 제공한다. 이러한 위상 배열 레이더는 이지스함의 뛰어난 전투 능력을 가능하게 하는 핵심 기술이라 할 수 있다.

그렇다면 위상배열 레이더는 어떤 원리로 이렇게 뛰어난 성능을 발휘할까? 위상배열 레이더는 여러 개의 안테나 소자를 배열하여, 각 소자에서 송출하는 전자기파의 위상(phase)을 정밀하게 조정하

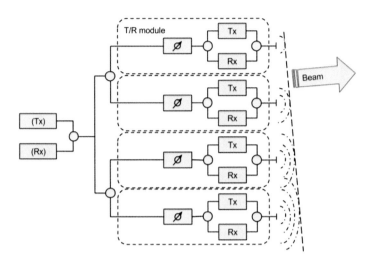

위상차를 이용한 전자기파 제어 방식을 나타낸 그림이다. 각 송수신 모듈에서 전자기파의 위상을 조정해 빔의 조사 방향을 자유롭게 변경할 수 있다. 이 기술은 위상 배열 안테나(Phased Array Antenna)에서 사용되며, 기계적인 움직임 없이도 빠르고 정밀하게 빔 방향을 제어할 수 있어 레이더와 통신 시스템에 널리 활용된다. (출처: Panda 51, CC BY-SA 4.0)

는 방식으로 작동한다. 이렇게 조정된 위상 차이로 인해, 전자기파가 특정 방향으로 강하게 집중되며 빔이 형성된다. 이 빔은 전자적으로 빠르게 방향을 바꿀 수 있어, 기계적으로 안테나를 회전시키지 않고도 여러 방향의 목표물을 신속히 탐지하고 추적할 수 있다. 또한, 위상배열 레이더는 빔을 여러 개로 나누어 동시에 다양한 목표를 추적하거나, 서로 다른 작업을 수행할 수도 있다. 특히, 송출 전력을 분산시켜 여러 소자가 개별적으로 신호를 처리하므로, 일부 소자가 손상되더라도 전체 레이더 시스템의 기능에 큰 영향을 미치지 않는다. 이러한 점에서 위상배열 레이더는 신뢰성과 효율성이 뛰어난 기술로, 현대 레이더 시스템의 핵심 역할을 하고 있다.

　　　　　　　　　　　　　살육의 과학

이지스함에 탑재된 AN/SPY-1 레이더는 고성능 위상 배열 레이더로, 공중 및 해상 표적을 동시에 탐지하고 추적할 수 있는 핵심 장비이다. 360도 전방위 감시 능력을 갖추고 있으며, 빠르게 변화하는 전장 상황에서도 신속하게 목표를 식별하고 추적할 수 있다. 이 레이더는 이지스 전투 체계와 통합되어 미사일 요격 및 전투 지휘의 핵심 역할을 수행한다. (출처: RoyKabanlit, CC BY-SA 4.0)

　　위상배열 레이더의 작동 원리를 이해하기 위해 욕조에서 양손으로 물을 치며 파동을 만드는 장면을 떠올려 보자. 각 손이 서로 다른 시간에 물을 쳐서 파동을 만든다면, 파동들이 중첩되면서 특정한 방향으로 흐르게 된다. 마찬가지로, 위상배열 레이더의 각 소자는 조금씩 다른 타이밍으로 전자기파를 송출하여 신호들이 중첩되도록 한다. 이렇게 중첩된 전자기파는 특정 방향으로 집중되며, 원하는 방향으로 전자기파를 보낼 수 있게 된다. 이 과정을 '위상차를 이용한 신호 중첩'이라고 하며, 시간 차이만으로 전자기파의 방향을 정밀하게 조정할 수 있게 된다.

위상 배열 레이더는 크게 PESA[20]와 AESA[21]로 나눌 수 있다. 이 두 기술은 모두 전자적으로 빔을 조향하여 고속으로 목표물을 탐지하고 추적할 수 있지만, 구조와 작동 방식, 그리고 성능에서 뚜렷한 차이를 보인다. PESA 레이더는 단일 송신기에서 생성된 고주파 신호를 여러 안테나 소자로 분배하여 작동한다. 각 소자는 수동적으로 신호의 위상만 조정하며, 이 위상 조정을 통해 특정 방향으로 전자기파를 집중시킨다. 이러한 구조 덕분에 PESA 레이더는 설계와 제작이 비교적 간단하며 비용이 낮다. 하지만 송신기가 단일 전원에 의존하기 때문에 송신기에 문제가 생기면 전체 시스템이 작동하지 않을 위험이 있다. 또한, 단일 신호원이 모든 안테나 소자를 제어하기 때문에 출력 신호가 분산되어 AESA 레이더에 비해 출력 성능이 낮고, 다중 목표물 추적이나 동시 작업 수행 능력이 제한적이다. 대표적인 예로, 미 해군의 SPY-1 레이더가 PESA 레이더에 해당한다.

반면, AESA 레이더는 각 안테나 소자가 독립적인 송수신 모듈[22]을 갖추고 있다. 이 모듈은 개별적으로 고주파 신호를 생성하고 위상을 조정하며, 다중 목표물을 동시에 탐지하고 추적할 수 있는 뛰어난 능력을 제공한다. 이러한 독립적인 구조 덕분에 AESA 레이더는 출력 성능이 높고, 신뢰성이 뛰어나다. 한 모듈이 고장 나더라도 나머지 모듈이 작동을 계속할 수 있어 시스템 전체의 안정성이

---

20) Passive Electronically Scanned Array
21) Active Electronically Scanned Array
22) TRM(Transmit/Receive Module)이라고 부른다.

살육의 과학

유지된다. 또한, AESA 레이더는 다중 빔을 생성할 수 있어, 동시에 여러 방향에서 탐지 작업을 수행하거나 목표물을 추적할 수 있다. 이와 같은 장점 덕분에 AESA 레이더는 현대 군사 시스템에서 필수적인 기술로 자리 잡았다. 그러나 이 기술은 설계와 제작이 복잡하고 비용이 높다는 단점이 있다. AESA 레이더의 대표적인 예로는 록히드 마틴(Lockheed Martin)[23]의 F-22 랩터(Raptor)와 F-35 라이트닝(Lightning) II 전투기에 탑재된 AN/APG-77 및 AN/APG-81 레이더, 그리고 최신의 미 함정에 탑재된 SPY-6 레이더가 있다.

결론적으로, PESA 레이더는 비용 효율적이고 신뢰성이 비교적 낮은 초기 기술로, 전통적인 군사 레이더 시스템에서 널리 사용되었다. 반면, AESA 레이더는 높은 성능과 다중 작업 능력을 제공하며, 현대 군사나 민간 시스템에서 중요한 역할을 하고 있다. 이러한 차이는 레이더의 목적과 요구사항에 따라 선택 기준이 될 수 있다. PESA는 비용과 단순성이 중요한 경우 적합하며, AESA는 고성능과 다중 작업 능력이 필요한 현대적 환경에 적합하다.

전자기파로 연결된 세상: 주파수

물체가 진동하는 현상은 우리 주변에서 쉽게 볼 수 있다. 단순한 물리적 현상처럼 보일 수 있지만, 이를 잘 활용하면 정보를 전달할

---

[23] F-35, F-22, C-130, U-2 등 첨단 항공기를 제작한 글로벌 방위산업 선도 기업. 항공우주 및 군사 기술 개발에 주력한다.

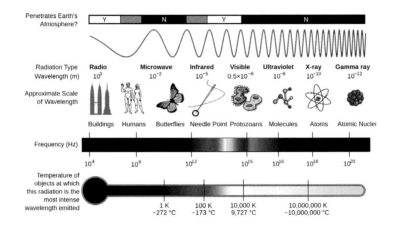

Penetrates Earth's Atmosphere?	Y		N		Y		N		

Radiation Type	**Radio**	**Microwave**	**Infrared**	**Visible**	**Ultraviolet**	**X-ray**	**Gamma ray**
Wavelength (m)	10^3	10^{-2}	10^{-5}	0.5×10^{-6}	10^{-8}	10^{-10}	10^{-12}

Approximate Scale of Wavelength

Buildings   Humans   Butterflies   Needle Point   Protozoans   Molecules   Atoms   Atomic Nuclei

Frequency (Hz)

10^4 10^8 10^{12} 10^{15} 10^{16} 10^{18} 10^{20}

Temperature of objects at which this radiation is the most intense wavelength emitted

1 K   100 K   10,000 K   10,000,000 K
−272 °C −173 °C   9,727 °C   ~10,000,000 °C

전자기 스펙트럼 다이어그램으로, 주파수에 따라 전자기파가 라디오파, 마이크로파, 적외선, 가시광선, 자외선, X선, 감마선으로 구분된다. 낮은 주파수(라디오파)는 긴 파장과 낮은 에너지를 가지며 통신에 주로 사용되고, 높은 주파수(감마선)는 짧은 파장과 높은 에너지를 가지며 의료 및 과학 연구에 활용된다. 주파수에 따라 전자기파의 투과성, 에너지, 용도가 달라진다. (출처: NASA, CC BY-SA 3.0)

수 있다. 예를 들어, 멀리 떨어진 두 사람이 긴 줄을 약간 팽팽하게 잡고 있다고 하자. 이때, 송신자가 줄을 위아래로 한 번 흔들면, 잠시 후 수신자는 그 진동을 느낄 수 있다. 이것이 바로 신호 전달의 기본이다. 송신자는 반복적으로 줄을 흔들어 계속해서 신호를 보낼 수 있고, 이러한 반복 운동을 우리는 '진동'이라고 부른다.

　송신자가 더 많은 정보를 빠르게 전달하려면 흔드는 시간 간격을 줄여야 한다. 주파수(frequency)는 이러한 '흔드는 시간 간격'과 관련이 있다. 과학자들은 1초 동안 발생하는 진동 횟수를 '주파수'라 정의하고, 단위로 헤르츠(Hz)를 사용한다. 주파수는 흔히 '진동수'라고도 하며, 파장과도 연관된다. 파장은 파형의 한 주기가 차지하는 길이로, 주파수와 반비례 관계를 맺는다. 주파수가 높아지면 파장은 짧아지고, 반대로 주파수가 낮아지면 파장은 길어진다.

전자기파는 전기장과 자기장이 상호작용하며 공간을 통해 전파되는 파동이다. 눈에 보이지는 않지만, 전기장과 자기장이 상호 작용하면서 진동한다. 따라서 전자기파에도 주파수 개념이 동일하게 적용된다. 사실 주파수는 전자기파 기반 시스템의 성능을 결정짓는 중요한 요소이다. 주파수에 따라 신호의 특성과 전자기파 특성이 달라지기 때문이다. 높은 주파수는 더 많은 데이터를 짧은 시간에 전송할 수 있어 고속 인터넷과 같은 무선통신에 유리하지만, 장애물에 약하고 전송 거리가 제한된다. 반면, 낮은 주파수는 더 긴 거리를 장애물 너머로 전송할 수 있어 통신 범위를 넓히는 데 유리하지만, 데이터 전송 속도는 상대적으로 느리다. 따라서 무선통신에서 주파수는 전송 속도와 통달 거리의 균형을 맞추는 중요한 요소이다.

레이더 시스템에서도 전자기파의 주파수는 중요한 역할을 한다. 고주파 전자기파를 발사해 반사파를 분석하여 목표물의 위치와 속도를 측정하는데, 주파수에 따라 탐지 정확도와 거리 측정 성능이 달라진다. 일반적으로 높은 주파수는 정밀한 탐지가 가능하지만, 감지 범위는 줄어들고, 낮은 주파수는 더 넓은 범위를 탐지할 수 있으나 세부적인 탐지는 어렵다. 레이더는 대개 3GHz에서 30GHz 사이의 초고주파[24] 대역을 사용한다. 왜냐하면, 이 대역은 대기 중 손실이 적어 물체의 위치와 속도를 정확히 탐지하는 데 적합하기 때문이다.

---

[24] SHF(Super High Frequency)라고 부른다.

전자기파의 주파수는 3차원 공간에서의 '부동산'과도 같다. 특정 주파수 대역을 차지하고 있는 시스템이 있다면, 다른 시스템이 그 대역에 간섭해서는 안 된다. 만약 주파수 대역을 침범한다면, 양쪽 시스템 모두 큰 혼란을 겪게 된다. 그래서 각 국가는 주파수를 철저히 관리하며, 국제적으로도 주파수 사용에 대한 합의를 엄격히 준수한다. 이 덕분에 국내에서 사용하던 스마트폰을 해외에서도 사용할 수 있는 것이다. 현재 대부분의 주파수 대역은 다양한 통신 및 레이더 장비에 의해 점유되고 있다. 하지만, 새로운 시스템이 계속 개발되면서 주파수 대역을 거래하거나 강제로 조정하는 사례도 발생한다. 예를 들어 러시아-우크라이나 전쟁에서 활약하고 있는 상용 위성 통신 스타링크(Starlink)를 생각해보자. SpaceX[25]에 의해 2021년 정식 서비스를 개시한 스타링크는 12~18GHz 대역의 Ku 밴드(band)와 26.5~40GHz 대역의 Ka 밴드 주파수를 사용한다. 원래 Ku 밴드 같은 주파수 대역은 대부분 이미 다양한 용도로 사용되고 있었다. 기존의 위성 통신, 방송, 지상 통신 등 여러 분야에서 이 주파수를 사용하고 있었기 때문에 스타링크와 같은 새로운 시스템이 이 대역을 사용하기 위해서는 조정과 협의가 필요했다. 이런 주파수 할당 과정은 국제전기통신연합[26]과 각 국가의 주파수 관리 기관을 통해 이루어지며, 스타링크는 이러한 기관들과 협력하여 필요한 주파수를 할당받았다. 이 과정에서 기존 사용자들과의 혼

---

25) 일론 머스크가 설립한 민간 우주기업. 재사용 로켓(팰컨 9), 스타십 개발로 우주 산업 혁신을 주도하며 화성 탐사를 목표로 한다.

26) ITU(International Telecommunication Union)라고 부른다.

살육의 과학

궤도 진입 대기 중인 스페이스X 스타링크 군집 위성들. 스타링크는 전 세계에 고속 인터넷 서비스를 제공하기 위해 저궤도에 수천 개의 소형 위성을 배치하는 프로젝트다. 위성은 지구 상공에서 인터넷 신호를 송수신하며, 지리적 제약 없이 연결성을 제공한다. (출처: SpaceX, CC0)

선을 방지하기 위해 기술적 조정도 이루어졌다. 참고로 우리나라는 과학기술정보통신부가 전자기파 자원 관리, 주파수 분배, 그리고 통신 및 방송 서비스의 안정적 제공을 책임지고 있다.

전자기파는 역사적으로 라디오 주파수 대역(수십 kHz)에서 시작해 위성 통신에서 사용하는 수백 GHz 대역까지 점차 고주파 영역으로 확대되었다. 특히 전자기파가 전투에 활용되기 시작하면서 무선통신은 더 빠른 데이터 전송이 필요해졌고, 레이더는 목표를 더욱 정밀하게 탐지할 필요가 생겼다. 이를 위해 통신과 레이더 시스템에서 더 높은 주파수가 요구되었으며, 주파수가 높아질수록 신호를 안정적으로 발생시키고 증폭하기 위해 더 많은 전력이 필요하게 되었다. 따라서 통신과 레이더 시스템에서 주파수를 선택할 때는 전송 속도, 탐지 거리, 에너지 효율 등 다양한 요소를 종합적으로 고려해야 한다.

지금까지 살펴본 것처럼 전자기파의 주파수가 증가하면 더 많은 일을 할 수 있다. 높은 주파수를 가지는 전자기파는 더 많은 에너지를 포함하고 있어 다양한 현상을 일으킨다. 예를 들어, 전자레인지는 약 2.45GHz 대역의 마이크로파를 이용해 물 분자를 진동시켜 음식을 가열한다. 이는 전자기파를 통해 에너지를 얼마나 효율적이고 즉각적으로 전달할 수 있는지를 보여주는 대표적인 사례이다. 다음으로, 군사 장비인 ADS(Active Denial System)는 약 95GHz 대역의 밀리미터파를 이용해 인간의 피부를 빠르게 가열함으로써 고통을 유발한다. 또 다른 예로, X-선은 약 30~300PHz(페타헤르츠)[27]의 주파수를 가지며, 이는 사람의 피부나 근육을 투과하여 뼈나 내부 장기를 이미지화할 수 있는 특성을 제공한다. 이보다 더 높은 주파수 대역에서는 핵폭발 시 방출되는 감마선(Gamma Ray)이 있다. 감마선의 주파수는 약 10EHz(엑사헤르츠)[28]에 달하며, 이는 전자기 스펙트럼 중 가장 높은 에너지 대역에 속한다. 감마선은 사람에게 치명적인 영향을 미칠 뿐 아니라, 전자기기에 심각한 손상을 입혀 작동을 멈추게 할 수 있다.

이처럼 전자기파는 주파수와 에너지에 따라 다양한 용도로 사용된다. 주파수가 낮고 에너지가 적은 전자기파는 주로 감시와 정찰 같은 비살상 용도로 활용된다. 반면, 주파수가 높고 에너지가 강한 전자기파는 살상이나 파괴를 목적으로 하는 무기로도 쓰일 수 있

---

27) 페타(Peta)는 1,000,000,000,000,000를 의미한다.
28) 엑사(Exa)는 1,000,000,000,000,000,000를 의미한다.

살육의 과학

다. 그러나 전자기파를 이용한 무기는 기존의 화약 기반 무기에 비해 피해 범위가 훨씬 광범위하며, 민간인에게까지 영향을 미칠 가능성이 크다. 이는 전자기파가 특정 대상을 정밀하게 타격하기보다 넓은 영역에 걸쳐 영향을 미치는 특성 때문이다. 따라서 이러한 무기의 사용은 전술적 이점뿐만 아니라 인도적, 윤리적 측면에서도 많은 고려가 필요하다. 전자기파 무기는 적군의 전력뿐만 아니라 민간 사회의 기반 시설이나 전자기기를 마비시키는 결과를 초래할 수 있으며, 그 파급 효과는 전통적인 무기보다 훨씬 크고 복잡하다. 이러한 이유로 전자기파 무기의 개발과 사용은 기술적 진보 못지않게 신중한 정책적 판단과 규제가 요구된다.

석유에서 전기로: 무기체계의 에너지 혁명

2차 세계대전 당시 전기는 주로 통신과 레이더 장비의 에너지원으로 사용되었다. 반면, 전차, 함정, 항공기와 같은 무기체계 플랫폼은 석유와 내연기관을 에너지원으로 삼았다. 내연기관은 구조가 복잡하고 유지보수가 까다로웠지만, 높은 출력과 신속한 이동 능력을 제공했기에 필수적인 선택이었다. 당시 전기는 출력이 부족해 대규모 에너지가 필요한 장비에는 적합하지 않았다. 그러나 전기에너지 기술이 비약적으로 발전하면서 전기는 점차 석유와 내연기관을 대체할 가능성을 보여주고 있으며, 일부 무기체계 플랫폼에서도 주 에너지원으로서의 활용이 확대되고 있다.

초기의 무기체계 플랫폼은 대부분 단순한 기계장치로 이루어져

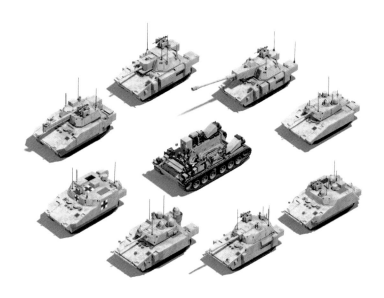

하이브리드 추진 시스템이 적용된 공통 플랫폼을 기반으로 다양한 지상 차량을 개발하는 미국의 유인 지상 차량 프로그램이다. 이 프로그램은 기동성과 효율성을 극대화하기 위해 설계되었으며, M1 에이브럼스 전차를 대체하기 위해 XM1202 전차를 포함한 여러 형태의 차량이 개발되었다. 이러한 공통 플랫폼은 생산 및 유지 비용 절감과 다양한 작전 요구 충족을 목표로 한다. (출처: Public Domain, Wikimedia Commons)

있어 전기를 고려할 필요가 없었다. 그러나 플랫폼 내부에 각종 센서와 제어장치가 도입되면서 전기를 고려한 설계가 필수가 되었다. 이에 따라 무기 공학자들은 발전기, 케이블, 커넥터 등 새로운 전기 관련 부품들을 하나둘씩 추가하기 시작했다. 플랫폼에 새로운 기능이 더해질수록 전자장비의 수가 늘어나고, 이를 지원하기 위한 전력 수요도 함께 증가했다. 최근에는 모터와 배터리 기술의 발전으로 전기가 석유와 내연기관을 완전히 대체할 가능성이 점점 현실로 다가오고 있다.

무기체계 플랫폼이 석유와 내연기관을 점차 대체하며 전기에너

2015년 12월 해상 시험 중인 USS 줌왈트(Zumwalt) 구축함이다. 전기 추진 시스템을 도입해 높은 기동성과 저소음 운항을 동시에 달성했으며, 스텔스 설계를 통해 레이더 반사 면적을 최소화하였다. 첨단 기술이 집약된 줌왈트급 구축함은 다목적 임무 수행 능력을 갖추고 현대 해군의 미래를 대표하는 함선으로 평가받는다. (출처: Public Domain, Wikimedia Commons)

지를 도입하려는 이유는 무엇일까? 그 이유를 육군, 해군, 공군 무기체계의 측면에서 살펴보자. 먼저 지상 전투 차량의 경우, 하이브리드(hybrid) 전원 시스템의 활용으로 변속기나 드라이브 샤프트(drive shaft) 같은 대형 기계장치가 불필요해졌다. 이를 통해 차량 하부를 탑승자를 보호하는 방호 구조로 설계하는 것이 더욱 용이해졌다. 또한, 디젤엔진의 소음을 내지 않고도 통신 장비나 감시·정찰 장비에 안정적인 전력을 공급할 수 있게 되었다.

전기의 군사적 활용은 지상 차량에 국한되지 않는다. 해군과 공군에서도 전기 추진 시스템의 도입이 군사 작전에 큰 변화를 가져오고 있다. 해군의 경우, 전기 추진 함정은 저소음 운항과 높은 연료 효율성을 제공한다. 기존 함정은 저속 운항 시 디젤 엔진을, 고속 운항 시 가스터빈(gas turbine) 엔진을 사용하는 이중 시스템을 채택했으나, 전기 추진 함정에서는 엔진이 전기를 생산하는 데만 사용되고, 이 전기로 고출력 전기 모터를 구동해 함정을 움직인다. 이 방식은 기계적 복잡성을 줄이고 추진 효율성을 극대화한다. 특히, 정지 상태에서 고속으로 전환하는 기동 능력이 크게 향상되었으며, 작전 중에도 낮은 소음으로 은밀하게 이동할 수 있게 되었다. 대표적인 사례로 미 해군의 줌왈트급(Zumwalt-class) 구축함을 들 수 있다. 이 구축함은 전기 추진 시스템을 통해 높은 기동성과 저소음 운항을 동시에 달성하며, 복잡한 기계 구조를 간소화하고 추진 효율성을 극대화했다. 이를 통해 적의 탐지를 피하며 은밀한 작전을 수행할 수 있는 능력을 갖추었다.

공군에서도 전기의 도입은 군사 작전에 획기적인 변화를 불러오고 있다. 특히, 배터리와 전기모터를 활용한 전기 추진 드론의 발전이 두드러진다. 과거에는 취미용 무선조종 항공기에서 사용되던 기술이 최신 GPS(Global Positioning System) 기반 자율 비행 기술과 결합하면서, 저비용 항공 무기로서의 활용 가능성이 크게 확대되었다. 2022년에 발발한 러시아-우크라이나 전쟁에서도 이러한 드론은 전장의 판도를 바꾸는 데 중요한 역할을 했다. 전기 추진 드론은 저소음과 효율적인 에너지 사용 덕분에 은밀한 정찰 임무에 적합하며, 고성능 카메라를 장착해 적의 위치를 빠르고 정확하게 파악할 수 있었다. 또한, 유지보수가 용이하고 신속한 대응이 가능해 전장에서 전략적 우위를 확보하는 데 크게 기여했다.

전기 추진 시스템의 발전은 기존 항공기 설계의 한계를 극복하는

NASA의 X-57 맥스웰 실험용 항공기 개념도이다. X-57 맥스웰은 전기 추진 시스템을 활용해 연료 소비, 배출가스, 소음을 크게 줄이는 기술을 시연하기 위해 설계되었다. 14개의 전기 모터가 탑재된 이 항공기는 항공기 효율성과 지속 가능성을 개선하는 NASA의 연구를 상징하며, 미래 친환경 항공 기술 개발에 기여하고 있다. (출처: Public Domain, Wikimedia Commons)

데도 중요한 역할을 하고 있다. 기존 항공기에서는 엔진과 프로펠러가 물리적으로 연결되어 있어 두 요소가 반드시 붙어 있어야 했다. 하지만, 배터리와 전기모터의 조합은 이러한 제약을 없애며 설계의 자유도를 크게 향상시켰다. 예를 들어, NASA의 X-57 맥스웰(Maxwell)은 날개 전체에 다수의 소형 프로펠러를 장착해 분산 추진력을 얻는 혁신적인 설계를 선보였다. 이러한 전기 추진 방식은 현재 소형 무인항공기에 주로 적용되고 있지만, 배터리와 전기모터 기술이 발전함에 따라 중대형 무인항공기로의 확대 적용도 기대되고 있다.

이러한 변화는 단순히 전기가 석유와 내연기관을 대체하는 것에 그치지 않고, 군의 근본적인 변화를 이끌고 있다. 현대 군대는 오랜 기간 석유를 기반으로 무기체계와 작전 계획을 수립해왔다. 전쟁이 발발하면 병력과 무기를 운용하기 위한 주요 에너지원으로 석유에 크게 의존했으며, 군수 시스템 역시 석유 공급망을 중심으로 구축되었다. 이러한 점에서 석유는 단순한 에너지원이 아니라 군사 작전의 핵심 생명선으로 여겨져 왔다.

전기 기반 무기 플랫폼의 등장은 에너지 보급 체계의 혁신을 이끌고 있다. 이제는 화석 연료 중심의 체계에서 벗어나, 전기를 현장에서 직접 생산하고 활용하는 방식으로 전환이 이루어지고 있다. 태양광 패널을 활용한 야전 기지에서의 전기 생산이 대표적인 예이며, 풍력과 수소·연료전지 같은 신재생 에너지 기술도 이러한 자립적 에너지 생산 체계를 강화하고 있다. 이로 인해 전기의 확장은 무기체계의 발전뿐 아니라 작전 수행 방식과 군사 전략의 근본적인 변화로 이어지고 있다.

빛과 전자기파의 무기화: 지향성 에너지

'지향성 에너지(Directed Energy)'는 에너지를 특정 방향으로 집중시켜 목표물에 전달하는 기술이다. 전통적으로 타격과 파괴는 화약 기반 무기의 영역이었다. 화약은 폭발 시 강력한 에너지를 방출하지만, 이 에너지는 사방으로 흩어지는 특성이 있었다. 엔트로피 증가를 억제하기 위해 '배럴' 같은 도구와 '성형작약' 기술이 개발되었지만, 이러한 방법들 역시 에너지를 완벽히 집중시키는 데 한계가

살육의 과학

있었다. 화약은 본질적으로 에너지가 사방으로 퍼지는 경향이 강해, 이를 제어해 특정 방향으로 방출하도록 만드는 과정은 비효율적일 수밖에 없었다.

반면, 전기는 에너지 흐름을 정밀하게 제어할 수 있다는 점에서 화약과는 근본적으로 차별화된다. 물론 전기에너지도 자연적으로 흩어질 수 있지만, 전압과 전류를 조절함으로써 필요한 방향으로 에너지를 집중시키는 것이 가능하다. 무기 공학자들은 이러한 전기의 특성을 활용해 지향성 에너지 무기를 개발했다. 지향성 에너지 무기는 특정 시점에 목표물을 향해 에너지를 집중시켜 물리적 손상을 가하거나 전자 장비를 무력화하는 방식으로 작동한다. 기존 화약 기반 무기가 즉각적이고 전면적인 물리적 파괴를 주요 목표로 삼았다면, 지향성 에너지 무기는 정밀 타격과 시스템 기능을 마비시키는 데 중점을 둔다.

과학기술의 발전으로 전기 출력이 많이 증가하면서 지향성 에너지가 무기체계의 중요한 축으로 자리 잡고 있다. 전통적으로 목표물을 최종 공격하는 역할은 화약이 담당해왔지만, 전기 기반 무기체계가 점차 이를 대체하고 있다. 물론, 전기 출력이 화약의 폭발력과 동일한 것은 아니다. 그러나 현대 무기체계에서 전자 장비가 핵심 부품으로 자리 잡으면서, 적의 무기체계를 완전히 파괴하지 않고도 일부 전자 장비를 손상시키는 것만으로 전체를 무력화할 수 있는 상황이 되었다. 예를 들어, 아무리 비싸고 튼튼한 자동차라 해도 배터리가 방전되면 시동조차 걸 수 없는 것처럼, 적의 전차나 항공기도 물리적으로 완전히 파괴하지 않고 내부 전자 장비나 특정 부품만 훼손해 불능상태로 만들 수 있다. 이런 특성 덕분에 지향성 에너지 무기는 강력한 폭발력이 필수적이지 않은 현대 전장에서 유용한 도구로 떠 오르고 있다.

지향성 에너지가 화약과 가장 크게 차별화되는 이유는 바로 에너지 효율성이다. 과거에는 먼 거리에 있는 목표물을 무력화하기 위해 수십 발의 포탄을 쏘아야 했다. 기술 발전으로 포탄 사용량을 줄일 수 있었지만, 여전히 물리적 탄약이 대량으로 필요했다. 반면, 전기를 기반으로 작동하는 지향성 에너지는 정밀한 타격이 가능해 단 한 번의 공격만으로 목표를 무력화할 수 있다. 물론, 현재 기술 수준에서는 지향성 에너지가 장거리 목표를 타격하는 데 일정한 한계가 있다. 이는 지형, 날씨, 에너지 출력 등 여러 조건에 따라 무기의 효과가 달라질 수 있기 때문이다. 그럼에도 불구하고, 물리적 탄약을 소모하지 않는다는 점에서 지향성 에너지는 화약 기반 무기보다 효율성이 뛰어나다. 다시 말해, 지향성 에너지를 활용하면 더 적은 에너지로 더 큰 효과를 얻을 수 있다. 이러한 특징은 지향성 에너지 무기가 미래 전장에서 중요한 역할을 할 것으로 기대되는 이유다. 또한, 지향성 에너지 무기는 전술적으로도 강력한 이점을 제공한다. 예를 들어, 고출력 전자기파 무기는 강력한 전자기 방출을 통해 적의 전자 시스템을 교란하거나 통신을 차단해 전투 상황에서 전자 장비를 무력화할 수 있다. 이는 전투의 주도권을 확보할 수 있는 효과적인 수단으로, 현대 전장에서 그 가치를 점점 더 인정받고 있다. 그럼 이제 지향성 에너지 무기의 대표적인 예인 레이저(Laser)와 고출력 전자기파[29] 무기에 대해 조금 더 자세히 알아

---

29) HPM(high power microwave)라고 부른다.

살육의 과학

보자.

레이저

　레이저(LASER)는 '빛의 증폭'을 의미하며, 이는 'Light Amplification by Stimulated Emission of Radiation'의 약자다. 특정 방향으로 에너지를 집중시키는 기술로, 단일 파장의 빛을 좁은 영역에 모아 활용할 수 있다. 이러한 특성 덕분에 레이저는 산업, 과학, 군사 등 다양한 분야에서 중요한 역할을 하고 있으며, 특히 군사 분야에서는 미래 무기의 핵심 기술로 주목받고 있다.

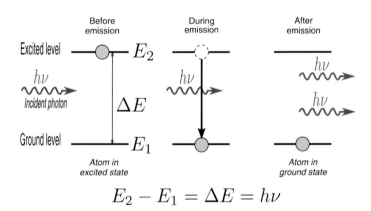

$$E_2 - E_1 = \Delta E = h\nu$$

레이저는 특정 에너지를 가진 빛(포톤)이 원자에 의해 흡수되어 높은 에너지 상태로 올라간 후, 다시 낮은 에너지 상태로 돌아가면서 포톤을 방출하는 과정을 반복하여 생성된다. 이러한 방출된 포톤들은 같은 에너지와 위상을 유지하며, 거울을 이용해 빛이 증폭되면서 레이저 빛이 만들어진다. 레이저는 특정한 파장과 방향성을 가지며, 일관된 빛을 만들어 강력한 에너지 전송이 가능하다. (출처: V1adis1av, CC BY-SA 4.0)

레이저의 작동 원리는 자극 방출(stimulated emission)에 기반한다. 원자가 외부로부터 에너지를 흡수하면 높은 에너지 상태로 전이되며, 이후 안정적인 상태로 돌아오면서 빛을 방출한다. 방출된 빛은 다른 원자를 자극해 동일한 파장과 위상을 가진 빛을 만들어낸다. 이 과정 덕분에 레이저는 일관되고 정밀한 단일 파장의 빛을 방출할 수 있다.

레이저의 출력을 높이기 위해서는 더 많은 원자나 분자에 에너지를 공급해 자극 방출을 유도해야 한다. 이 과정에서 중요한 역할을 하는 것이 레이저 매질이다. 매질은 고체, 액체, 기체 등 다양한 형태로 존재하며, 매질의 종류에 따라 레이저의 파장, 출력, 효율이 결정된다. 따라서 응용 분야에 맞는 적절한 매질 선택이 중요하다. 레이저 매질은 일반 재료와 달리 특정 에너지 준위를 가지고 있어, 유도 방출을 통해 단색성의 빛을 생성하고 광증폭을 가능하게 한다. 또한, 에너지를 효율적으로 흡수하고 이를 열 손실 없이 빛으로 변환할 수 있어 레이저의 고출력 및 고효율을 보장한다.

레이저 매질과 함께 레이저 시스템의 핵심 요소 중 하나는 발진기(oscillator)다. 발진기는 레이저 빛의 안정적이고 지속적인 방출을 가능하게 한다. 매질 내에서 발생한 빛은 발진기의 반사 거울에 의해 여러 번 반사되며 증폭된다. 이 과정에서 빛은 지속적인 자극 방출을 통해 강력한 에너지를 얻고, 최종적으로 고출력의 레이저 빛이 생성된다. 발진기는 레이저의 출력과 일관성을 유지하는 데 필수적이며, 레이저 무기의 성능에 직접적인 영향을 미치는 핵심 장치다.

레이저 무기는 탄약이 필요 없고, 이론적으로 거의 무제한으로

북한 무인기 침투에 대응하기 위해 국방과학연구소가 개발한 레이저 대공무기 체계 (Block-I). 약 20kW급 레이저는 약 2~3km의 사거리를 가지며, 레이저 발사 후 10초 내외로 소형 무인기를 격추할 수 있다. 레이저 작동 시 발생하는 열을 효과적으로 제거하기 위해, 사진 오른쪽의 대형 팬이 포함된 냉각 시스템이 설치되어 있다. (출처: 본인이 촬영, Public Domain으로 공개)

발사할 수 있다는 점에서 큰 전략적 이점을 제공한다. 또한, 레이저는 빛의 속도에 가까운 속도로 목표를 타격할 수 있어 실시간 대응이 가능하다. 이러한 특성은 속도가 중요한 현대 전장에서 레이저 무기가 유리하게 작용할 수 있음을 보여준다.

레이저는 에너지를 좁은 각도로 집중시켜 방출하므로, 일반적인 빛이나 열처럼 사방으로 퍼지지 않고 특정 방향으로 전달된다. 이는 레이저가 상대적으로 엔트로피가 낮고 에너지 밀도가 높은 상태의 에너지임을 나타낸다. 그러나 레이저를 생성하려면 전기에너지가 필요하며, 일반적으로 전기에너지의 20~30%만이 레이저 빔으로 변환된다. 나머지 70~80%의 에너지는 대부분 열로 방출되며, 이로 인해 에너지 손실이 크다. 따라서 레이저 무기를 안정적으로 운용하기 위해서는 강력한 냉각 시스템이 필수적이다. 또한, 레이저 빔은 공기를 통과할 때 산란과 흡수가 발생해 목표물에 도달하는 에너지가 더 감소한다. 이러한 이유로 레이저 무기의 실제 성능은 환경 조건, 냉각 효율, 그리고 에너지 관리 기술에 크게 의존한다.

레이저는 여러 단점에도 불구하고, 육군, 해군, 공군에서 연구와 개발이 활발히 진행되고 있다. 육군의 사례로는 이스라엘이 개발한 레이저 무기 '아이언 빔(Iron Beam)'이 대표적이다. 이 무기는 이스라엘을 향해 대량으로 발사되는 저비용 로켓에 대응하기 위해 개발되었다. 기존 방어 시스템인 고가의 유도 미사일 '아이언돔'은 이러한 공격에 대응하는 데 경제적 한계가 있었기 때문이다. 아이언 빔은 이러한 한계를 극복하도록 설계되어, 소형 로켓이나 드론 같은 경량 목표물에 신속하고 경제적으로 대응할 수 있다. 또한, 기존 방어 체계를 보완하며 비용 효율성과 실시간 방어 능력을 동시에 제공하는 혁신적인 무기로 평가받고 있다.

해군의 경우, 미국 해군은 '레이저 무기 시스템'을 개발해 해상에서 적의 소형 보트나 드론을 무력화하는 데 활용하고 있다. 기존의 함포는 수면 가까이 접근하는 위협 요소를 제거하는 데 부적합했다. 이는 지나치게 큰 화력을 사용하거나, 즉각적인 대응이 어렵다는 문제 때문이다. 레이저 무기는 이러한 단점을 보완하며, 해상 작전에서 위협을 신속하게 제거하고 전투 효율성을 높이는 데 중점을 두고 있다.

공군의 경우, 레이저 무기를 항공기에 장착해 공중에서 미사일을

2014년부터 USS 폰스 함정(미국)에 탑재되어 시험 운영된 레이저 무기 시스템. 이 무기는 고출력 레이저를 활용해 소형 보트, 무인항공기(UAV) 등의 위협을 무력화하도록 설계되었다. 시험 운영 기간 동안 LaWS(Laser Weapons System)는 비용 효율성과 정확성을 입증하며, 미래 에너지 기반 무기의 실용성을 보여주는 사례로 평가받았다. (출처: Public Domain, Wikimedia Commons)

요격하는 기술 개발에 집중하고 있다. 'SHIELD'[30) 프로그램은 항공기에 탑재된 레이저로 적의 미사일을 공중에서 요격할 수 있는 기술을 목표로 하고 있다. 이 기술은 공중 작전의 방어력을 크게 강화할 잠재력을 가지고 있다.

이처럼 육·해·공군 모두에서 레이저 무기의 개발이 적극적으로 이루어지고 있다. 현재는 화약 기반 무기체계를 완전히 대체하지 못했지만, 레이저 무기의 도입은 점차 가속화되는 추세다. 특히 레이저 출력 향상을 위한 연구가 지속되면서, 기존 화약 기반 무기를

---

30) Self-protect High Energy Laser Demonstrator

대체할 가능성도 높아지고 있다. 레이저 출력이 증가하면 전력 소비도 늘어나기 때문에, 전기 기반 플랫폼과의 결합이 필수적이다. 이러한 플랫폼은 이동 시에는 동력으로, 공격 시에는 레이저 무기에 필요한 에너지를 효율적으로 전환해 운영 효율성을 극대화할 수 있다.

결국, 살육 도구와 이동 수단이 모두 전기에너지 기반으로 전환되면서 새로운 전장 환경이 조성될 것으로 기대된다. 전기 기반 무기와 플랫폼의 통합은 전장에서 또 한 번의 큰 변화를 불러올 것이며, 우리는 현재 그 변화를 준비하는 과정에 있다.

HPM

고출력 마이크로파(HPM) 무기는 마이크로파를 이용해 적의 전자 장비와 통신 시스템을 방해하거나 무력화하는 장치이다. 마이크로파는 전자기 스펙트럼에서 가시광선보다 낮은 주파수 영역에 속하며, 통신, 레이더, 전자기기 등 다양한 분야에서 널리 활용된다. HPM 무기는 이 마이크로파를 높은 출력으로 증폭해 목표물의 전자 회로에 전류를 유도하고, 이를 통해 회로를 과열시켜 손상이나 오작동을 유발한다.

HPM 무기가 전자기파 중 마이크로파 영역을 사용하는 이유는 마이크로파의 물리적 특성과 기술적 이점 때문이다. 마이크로파는 약 300MHz에서 300GHz 사이의 주파수를 가지며, 이는 전자 장비 내부의 회로나 케이블과 공명하거나 유도 전류를 발생시키기에 적

212 살육의 과학

합하다. 이러한 공명 효과는 에너지 전달 효율을 극대화해 전자 장비에 큰 영향을 미칠 수 있다. 또한, 마이크로파는 직진성이 강하고 특정 목표에 에너지를 집중시키기에 유리하다. 이는 HPM 무기가 멀리 있는 표적을 정밀하게 타격할 수 있도록 해준다. 다른 주파수 대역과 비교했을 때 대기의 영향을 덜 받아 손실이 적고, 전자기파가 방해받지 않고 효과적으로 전달된다는 점도 중요한 이유 중 하나다.

HPM 무기의 작동 원리를 이해하려면 먼저 전기 인덕션 레인지의 원리를 살펴보는 것이 유용하다. 인덕션 레인지는 전자기 유도를 통해 금속 냄비나 팬 내부에 와전류를 발생시키고, 이 전류로 인해 열이 만들어지는 방식으로 작동한다. 금속 내부에는 저항 성질이 존재하기 때문에 전류가 흐를 때 열이 발생한다. 이는 추운 날 손을 비비면 마찰로 인해 열이 나는 원리와 유사하다.

HPM 무기는 전기 인덕션 레인지처럼 전자기 유도를 사용하는 것은 아니지만, 고출력 전자기파를 방출해 목표물의 전자 회로나 구성 요소에 전류를 유도하는 방식으로 작동한다. 전자기파는 전자 회로 내부에서 과열, 절연 파괴, 또는 공진을 유발해 장비를 손상시키거나 오작동을 일으킨다. 이를 통해 HPM 무기는 전자 장비를 효과적으로 무력화한다.

이러한 특성 덕분에 HPM 무기는 유효 범위 내에서 적의 통신 네트워크, 레이더 시스템, 전투기 등 다양한 전자 장비를 효과적으로 무력화할 수 있다. 특히 마이크로파는 전자 장치에 강한 영향을 미치기 때문에 전자 제어 시스템으로 작동하는 드론을 제압하는 데 효과적이다. 예를 들어, 수백 대의 쿼드로터(quadrotor) 드론이 군집

샤헤드-136(Shahed-136) 드론이 군집을 이뤄 공항을 공격하고 있는 모습(상상도). 군집 드론을 방어하기 위해서는 HPM 무기가 가장 효과적이다. (출처: Khamenei.ir, CC BY 4.0)

비행을 펼치는 드론 쇼(drone show)를 떠올려보자. 이 드론들을 하나씩 미사일로 파괴하려면, 드론 수만큼 고가의 미사일이 필요해 막대한 비용이 들 것이다. 하지만 HPM 무기를 사용하면 단 한 번의 공격으로 다수의 드론을 동시에 무력화할 수 있다. 이는 마치 모기가 많은 방에 살충제를 뿌려 한꺼번에 제거하는 것과 같은 효과를 낸다.

HPM은 미래 지향적 무기로 뛰어난 성능을 자랑하지만, 몇 가지 기술적 한계와 단점을 가지고 있다. 가장 큰 제약 중 하나는 낮은 에너지 변환 효율이다. 레이저 무기와 마찬가지로, 발전기에서 생성된 전기에너지를 마이크로파로 변환하는 과정에서 상당량의 에너지가 손실된다. 현재 고출력 마이크로파 시스템의 변환 효율은 약 20~40% 수준에 머물러 있지만, 질화 갈륨(GaN) 기반의 스위칭

살육의 과학

소자 기술이 도입되면서 효율성이 점차 향상되고 있다. 이로 인해 에너지 손실을 줄이고 무기의 실용성을 높이는 방향으로 발전이 이루어지고 있다.

조심해야 할 점은 HPM 무기가 높은 출력의 전자기파를 방출하기 때문에 적 장비뿐만 아니라 주변의 아군 장비에도 심각한 간섭을 일으킬 위험이 있다는 것이다. 이를 해결하기 위해 최신 HPM 시스템은 지향성 안테나와 정밀 타겟팅 기술을 활용해 간섭을 최소화하려는 노력이 진행되고 있다. 그럼에도 불구하고, 전장이 복잡한 환경에서는 간섭으로 인해 아군 장비가 오작동하거나 손상될 가능성이 여전히 존재한다. 이러한 단점에도 불구하고, 지속적인 기술 발전을 통해 HPM 무기의 효율성과 정밀성이 개선된다면 현대 전장에서 중요한 역할을 수행할 잠재력이 충분하다.

전기에너지 축적의 무기: 레일건

레일건(Railgun)은 전자기력을 이용해 금속 발사체를 극초음속으로 발사하는 첨단 무기체계이다. 화약을 사용하는 전통적인 포와 달리, 레일건은 전기에너지를 활용해 추진력을 얻는다. 이 무기의 핵심은 두 개의 평행한 레일과 전류를 전달하는 발사체이다. 레일과 발사체 사이에 전류가 흐르면서 강력한 자기장이 형성되고, 이 자기장이 발사체를 전방으로 밀어내는 원리로 작동한다.

레일건의 가장 큰 특징은 에너지를 저장하고 한꺼번에 방출하는 능력이다. 이를 가능하게 하는 장치가 바로 슈퍼커패시터(super capacitor)다. 슈퍼커패시터는 전기에너지를 빠르게 저장하고 방출할 수 있어, 레일건의 발사 메커니즘에 필수적이다. 일반적인 배터리와 비교했을 때, 슈퍼커패시터는 전기를 저장하고 방출하는 속도가 훨씬 빠르다. 배터리는 에너지를 장시간 저장하고 천천히 방출하는 데 적합한 반면, 슈퍼커패시터는 순간적으로 대량의 전력을 전달할 수 있어 레일건과 같은 고출력 시스템에 적합하다. 전통적인 화약 무기와 비교했을 때, 레일건은 화약의 폭발력을 사용하는 것이 아니라 전기에너지를 활용하기 때문에 에너지 변환 효율과 출력의 극대화가 가능하다. 전자(電子)는 에너지 방출에 물리적 한계가 적으며, 전자 부품만 견딜 수 있다면 이론적으로 거의 무한대의 출력에 도달할 수 있다.

전통적인 화약 기반 포는 발사체의 속도를 높이기 위해 더 많은 화약을 사용해야 한다. 하지만 화약량이 증가하면 폭발력이 커져 배럴에 가해지는 압력이 높아지고, 결국 배럴이 손상되거나 찢어질 위험이 커진다. 이를 방지하려면 배럴을 두껍고 강하게 제작해야 하지만, 이렇게 하면 무게가 늘어나 이동성과 취급성이 크게 떨어지는 문제가 생긴다. 반면, 레일건은 화약 대신 전기에너지를 사용하기 때문에 이런 물리적 제약에서 자유롭다. 슈퍼커패시터의 용량을 늘리는 방식으로 에너지를 조정할 수 있어 출력 증가가 상대적으로 단순하다. 또한, 화약 기반 포처럼 폭발 압력이 발생하지 않으므로 배럴의 기계적 손상 위험이 적다.

레일건의 작동 원리는 다음과 같다. 발사 준비 단계에서 전기에너지는 슈퍼커패시터에 저장된다. 이 과정은 마치 생체에너지를 모아 투석기의 무게추를 위로 들어 올리는 것과 비슷하다. 투석기

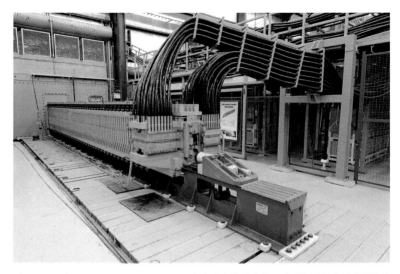

미국 NSWC(Naval Surface Warfare Center)에 설치된 레일건은 전기를 이용해 발사체를 가속하는 첨단 무기체계다. 이 무기는 화약이나 로켓 모터 대신 전자기력을 사용해 발사체를 마하 7 이상의 초고속으로 발사할 수 있다. 사진에서 오른쪽에 보이는 파란색 상자는 '슈퍼커패시터'라는 장치로, 전기에너지를 저장하는 역할을 한다. 다수의 슈퍼커패시터에 저장된 전기에너지는 굵은 전선을 통해 순식간에 레일(rail)로 전달되어 발사체를 가속한다. (출처: Public Domain, Wikimedia Commons)

가 모아둔 생체에너지를 한꺼번에 발산하면서 돌을 던진다면, 레일건은 저장된 전기에너지를 순식간에 방출해 발사체를 가속한다. 발사 순간, 레일건 내부의 회로를 통해 전류가 흐르면서 레일과 발사체 사이에 강력한 전자기력이 생성된다. 이 힘은 발사체를 초음속 이상의 속도로 가속시킨다. 이렇게 발사된 발사체는 높은 속도로 인해 목표물에 도달했을 때도 막대한 파괴력을 발휘한다.

레일건은 에너지 효율성과 함께, 속도와 사거리가 기존 화약 무기를 뛰어넘는다는 점에서 주목받고 있다. 레일건으로 발사된 발사체는 마하 7 이상의 속도에 도달할 수 있으며, 이는 기존 화약 기반 무기 시스템과 비교해 약 두 배 이상 빠르다. 사거리 역시 레일건의 강점 중 하나로, 전기에너지를 효과적으로 활용하면 수백 킬로미터 밖의 목표물을 타격할 수 있다. 이러한 특징은 현대 전장에서 장거리 정밀 타격 능력을 요구하는 군사적 요구를 충족시키기에 충분하다.

또한, 레일건은 운영 비용 측면에서도 이점이 있다. 발사체가 화약이나 복잡한 기폭장치 없이 금속 덩어리로 구성되기 때문에 제작 비용이 저렴하다. 반면, 전기에너지를 사용하는 특성상 대규모의 전력 공급이 필요하며, 이로 인해 레일건 운용에는 고효율의 에너지 관리 시스템이 요구된다. 특히, 에너지를 고속으로 충전하고 방출할 수 있는 슈퍼커패시터의 품질과 성능이 레일건의 성능에 직결된다.

레일건의 한계점 중 하나는 높은 전력 소비와 열 관리 문제다. 발사체를 초고속으로 발사하기 위해서는 엄청난 전류가 필요하며, 발사 과정에서 발생하는 열이 레일과 전자기 구성 요소를 손상시킬 가능성이 있다. 특히, 발사체와 레일 사이에서 발생하는 마찰력과 전자기적 압력은 레일 표면을 빠르게 마모시켜 내구성 문제를 일으킨다. 이러한 손상은 레일의 수명을 단축시키고, 잦은 유지보수와 교체를 필요로 한다. 또한, 발사 후 냉각과 유지보수에 시간이 소요되며, 이는 연속 발사가 필요한 전투 상황에서 레일건의 실용성을 제한하는 요인으로 작용할 수 있다. 그럼에도 불구하고, 레일건은 화약을 사용하지 않는 고출력 무기로서 기존 화약 기반 무기체계를 대체하거나 보완할 수 있는 혁신적인 잠재력을 가진 기술로 평가된다. 향후 열 관리 기술, 레일 마모를 줄이는 재료 공학의 발전, 그리고 전력 공급 시스템의 효율 개선이 이루어진다면 레일건의 실용성은 크게 향상될 것으로 기대된다.

전기 먹는 만능 지휘관: AI

AI(Artificial Intelligence)는 이미 우리의 일상에 깊이 스며들어 있다. 과거에는 추상적인 개념으로만 여겨졌던 AI가 이제는 실생활 속에서 직접 체감할 수 있는 기술로 자리 잡았다. AI 스피커, 자율주행 차량, 스마트 가전과 같은 기술들은 일상에서 AI를 접할 수 있는 대표적인 사례다. 이 기술들은 단순히 편리함을 제공하는 것을 넘어 우리의 생활 방식을 근본적으로 변화시키고 있으며, AI 기술이 혁신을 넘어 인류의 삶에 중대한 영향을 미치고 있음을 보여준다.

AI 기술의 혁신적 영향력은 최근 노벨물리학상 수상으로 더욱 주목받고 있다. 스웨덴 왕립과학원 노벨상위원회는 2024년 노벨물리학상 수상자로 홉필드(John Joseph Hopfield, 1933~현재) 미국 프린스턴대 교수와 힌턴(Geoffrey Everest Hinton, 1947~현재) 캐나다 토론토대 교수를 선정했다. 이들은 물리학적 접근법을 활용해 인공신경망 훈련 방식을 개발하며, 머신러닝(Machine learning)과 AI의 발전에 핵심적인 기여를 했다. 이를 통해 AI 연구는 과학적 발전의 새로운 지평을 열었으며, 인류 사회에 심대한 변화를 불러왔다.

과거의 노벨상 수상 업적은 대개 개별 과학자나 교수의 연구실에서 이루어진 독립적인 성과였다. 그러나 현대 과학 연구는 혼자만의 노력으로 이루어지기 어렵다. 현재 중요한 과학적 발전은 다양한 분야의 기초 과학기술이 결합한 융합적 성과에 의해 이루어진다. 특히 AI는 단순한 알고리즘 개발을 넘어 컴퓨팅 능력, 방대한 데이터, 이들을 효과적으로 연결하고 활용하는 통합 기술력이 결합할 때 진가를 발휘한다.

과거에는 이러한 대규모 융합 연구가 대체로 정부 주도로 이루어졌다. 핵 개발이나 우주 탐사와 같은 거대한 프로젝트들이 그 예이다. 그러나 AI는 다르다. AI는 민간 주도로 발전해왔으며, 민간 자본과 혁신이 AI 기술의 성장을 이끌었다. 민간 기업들은 기술 개발에 필요한 자원을 신속히 투입하고 혁신을 촉진하여 AI가 사회 전반에 걸쳐 영향을 미치도록 만들었다.

과거 국가 주도로 개발된 무기들은 주로 막대한 에너지를 활용해 적을 살상하거나 파괴하는 것을 목표로 했다. 반면, AI는 본질적으로 목표물을 직접 살상하거나 파괴하는 도구로 설계된 것이 아니어서, 정부의 연구개발 투자에서 우선순위가 낮았다. 비록 미 DARPA 등 일부 기관에서 AI 연구에 투자했지만, 주된 연구개발 활동은 컴퓨터, 가전, 산업과 같은 민간 분야에서 이뤄졌다. 한동안 서로 먼 영역에 있을 것 같았던 무기 기술과 AI 기술은, AI의 폭발적인 성장 덕분에 자연스럽게 융합되기 시작했다. 오늘날 AI는 다양한 무기체계에 적용되며 그 중요성이 점점 커지고 있다. AI는 이제 무기의 핵심 요소로 자리 잡아 국방과학기술의 개념 자체를 새롭게 정의할 필요성을 제기하고 있다.

AI의 이해

AI는 인간의 지능적 작업을 모방하는 컴퓨터 시스템이다. 여기서 말하는 '지능적 작업'이란 학습, 추론, 문제 해결, 언어 이해 등 복잡하고 심오한 사고 과정을 포함한다. 과거에는 컴퓨터의 연산 속도가 아무리 빨라도 이러한 인간의 지능적 작업을 수행하는 것은 불가능했다. 그러나 AI 기술은 꾸준히 발전해왔고, 이제 그 가능성의 한계를 예측하기조차 어려운 단계에 이르렀다. 예를 들어, 2024년 넷플릭스(Netflix)에서 공개된 영화 '아틀라스(Atlas)'에서는 인간이 AI와 BCI[31] 기술로 연결되어, AI가 인간의 생각을 읽고 엑소슈트(Exosuit)인 스미스(SMITH)[32]를 빠르게 조작하는 장면이 나온다. 과거에는 이런 설정이 단순한 공상과학으로 여겨졌겠지만, 이제는 가까운 미래에 실현될 가능성이 충분하다고 생각된다.

그러면 AI는 어떤 원리로 작동할까? AI를 요리와 비교하면 그 원리를 쉽게 이해할 수 있다. 기존의 요리책을 우리가 사용해왔던 컴퓨터 프로그램이라고 하자. 요리책은 각 요리법을 자세히 기술하여 정리된 내용으로, 사람들은 자신이 먹고 싶은 요리를 요리책에서 찾아 적힌 순서대로 조리하면 된다. 요리책에 포함된 메뉴는 쉽게 만들 수 있겠지만, 만약 요리책에 없는 요리를 먹고 싶으면 어떻게 해야 할까? 융통성 없는 사람이라면, 책에 요리법이 없어서 자신이 요리할 방법이 없다고 말했을 것이다. 컴퓨터가 바로 그 융통

---

31) Brain-Computer Interface
32) Strategically Modified Intelligent Tactical Humanoid

2차 세계대전 당시 영국 블레츨리 파크에 위치한 봄베(bombe). 봄베는 독일의 에니그마 기계로 암호화된 비밀 메시지를 해독하기 위해 앨런 튜링과 고든 웰치먼이 설계한 기계로, 에니그마 설정을 탐색하여 해독의 단서를 제공했다. (출처: Public Domain, Wikimedia Commons)

성 없는 사람이다. 없어도 너무 없다. 컴퓨터는 정해진 프로그램에 따라 명령이 실행되지만, 컴퓨터가 모르는 것을 물어보면 에러를 송출한다. 이는 기존 컴퓨터가 미리 작성된 명령대로만 수행할 수 있다는 한계를 보여준다.

반면, AI는 융통성이 많은 사람으로 생각하면 된다. 그래서 요리책의 범위를 넘어서 작동할 수 있다. 마치 요리에 능숙한 만능 요리사와 같은 존재다. AI는 단순히 기존 요리법을 그대로 따르는 것에 그치지 않고, 세상에 존재하는 모든 요리책에 있는 요리를 분석하고 학습해 새로운 요리법을 만들어낼 수 있다. 예를 들어, 초콜릿과

절인 청어 재료만 주고 신메뉴를 개발하라는 숙제가 주어졌다고 가정하자. AI는 초콜릿 기반 요리와 절인 청어 기반 요리의 데이터를 분석하여 두 재료의 최적 조합과 방법을 찾아 새로운 요리를 추천할 수 있다. AI는 이를 위해 방대한 데이터에서 유사한 사례를 찾고, 입력된 정보를 기반으로 신경망 모델이 패턴과 상관관계를 학습하며, 이를 통해 최적화된 결과를 도출하는 과정을 거친다. 이 과정에서 미식가들의 선호도를 데이터화한 피드백이나 평가 점수를 활용하여 결과를 정교화한다. 더 나아가, AI가 학습할 수 있는 요리 데이터가 많아질수록 요리의 품질은 더욱 향상된다. 즉, 데이터가 풍부할수록 AI는 더 맛있고 창의적인 요리를 추천할 확률이 높아진다. 이는 다양한 재료와 조리법을 알고 있는 경험 많은 요리사가 더 뛰어난 요리를 만들어내는 것과 비슷하다.

AI 연구의 역사는 1950년대로 거슬러 올라간다. 컴퓨터 과학의 선구자인 튜링(Alan Turing, 1912~1954)은 현대 컴퓨터 과학과 AI 연구의 초석을 놓은 인물로, 특히 2차 세계대전 당시 독일의 에니그마(Enigma) 암호를 해독하는 데 핵심적인 역할을 했다. 그는 암호 해독을 위해 컴퓨터의 초기 모델 개념을 제안했으며, 이로 인해 컴퓨터 과학의 아버지라는 칭호를 얻게 되었다.

튜링은 또한 '튜링 테스트'를 제안하며 AI의 개념을 구체화했다. 이 테스트는 '기계가 인간과 구분되지 않을 정도로 대화할 수 있다면 지능을 가졌다고 판단할 수 있다'라는 기준을 제시한 것이다. 예를 들어, 사람이 컴퓨터와 대화하면서 상대가 인간인지 기계인지를 구분할 수 없다면, 그 컴퓨터는 '지능을 가졌다'고 평가받는다. 튜링 테스트는 오늘날까지도 AI가 얼마나 인간과 유사하게 행동할

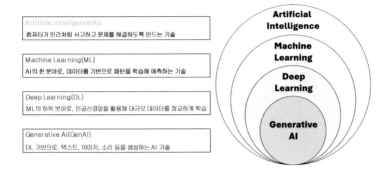

| Artificial Intelligence(AI) |
| 컴퓨터가 인간처럼 사고하고 문제를 해결하도록 만드는 기술 |

| Machine Learning(ML) |
| AI의 한 분야로, 데이터를 기반으로 패턴을 학습해 예측하는 기술 |

| Deep Learning(DL) |
| ML의 하위 분야로, 인공신경망을 활용해 대규모 데이터를 정교하게 학습 |

| Generative AI(GenAI) |
| DL 기반으로, 텍스트, 이미지, 소리 등을 생성하는 AI 기술 |

AI는 초기의 규칙 기반 기술에서 데이터를 학습하는 ML로 발전했다. 이후 DL을 통해 복잡한 문제를 해결하며 정교해졌고, 생성형 AI(GenAI)로 진화하면서 단순한 분석을 넘어 새로운 텍스트, 이미지, 소리 등 창작물을 생성하는 창의적 기술로 발전했다. (출처: 본인이 작성, Public Domain으로 공개)

수 있는지를 평가하는 중요한 기준으로 사용되고 있다.

1956년 다트머스 회의(Dartmouth Conference)에서 'AI'라는 용어가 처음 등장하며 본격적인 연구가 시작되었다. 그러나 초기 AI 연구는 논리와 규칙 기반의 시스템에 초점이 맞춰졌고, 당시의 하드웨어 기술적 한계로 인해 실질적인 성과는 제한적이었다. 이후 1970~1980년대에는 전문가 시스템이 등장하며 AI 연구가 한 차례 부흥기를 맞이했지만, 데이터와 컴퓨팅 자원의 부족으로 한계를 겪게 되었다. 이를 AI의 '겨울' 시기라고 부른다.

21세기에 들어 AI는 머신러닝(machine learning)과 딥러닝(deep learning)의 발전을 통해 새로운 도약을 이뤘다. 머신러닝은 컴퓨터가 방대한 데이터를 학습해 스스로 패턴을 인식하고 문제를 해결하는 기술이다. 특히 빅데이터(big data)와 GPU(graphics processing unit) 기술의 발전은 이러한 기술의 상용화를 크게 앞당겼다. 딥러닝은 머신러닝의 하위 분야로, 인공신경망(artificial neural network)을 기반으로 한다. 인공신경망은 인간 뇌의 구조를 모방해 설계된 알고리즘으로, 수많은 노드(node)가 서로 연결된 다층 구조를 가지고 있다. 이를 통해 AI는 이미지 인식, 음성 분석, 텍스트 이해 등 다양한 작업을 수행할 수 있다.

AI 기술의 급격한 발전에는 풍부한 데이터의 축적이 핵심적인 역할을 했다. 인터넷 기반 서비스와 네트워크 속도의 비약적인 향상, 그리고 스마트폰의 보급은 방대한 데이터를 생성하고 수집하는 기반을 제공했다. 이러한 데이터는 AI 시스템이 학습하고 발전하는 데 필요한 연료 역할을 하며, 머신러닝과 딥러닝 기술을 한 단계 끌어올리는 촉매제가 되었다.

AI 개발 역사에서 중요한 이정표 중 하나는 2016년 구글 딥마인드(Google DeepMind)가 개발한 알파고(AlphaGo)다. 알파고는 바둑에서 인간 고수인 이세돌을 이기며 전 세계의 주목을 받았다. 이 사건은 AI가 단순 계산을 넘어 창의적인 문제 해결 능력까지 갖출 수 있음을 보여준 획기적인 사례로 평가받는다. 이후 구글 딥마인드의 또 다른 프로젝트인 알파폴드(AlphaFold)는 단백질 구조 예측 문제를 해결하며 생명과학 연구에 혁신을 가져왔다. 알파폴드의 성과는 단백질 접힘 문제를 해결함으로써 새로운 약물 개발과 질병 이해에 기여했으며, 이러한 공로로 구글 딥마인드의 CEO 허사비스(Demis Hassabis, 1976~현재)는 2024년 노벨 화학상을 수상했다. 이 사례는 AI 기술이 과학과 사회 전반에 얼마나 강력한 영향을 미칠 수 있는지를 입증한 중요한 예로 평가받는다.

살상 도구와 AI의 만남

살상과 파괴를 목적으로 하는 무기의 핵심은 에너지를 얼마나 빠르게 방출할 수 있는지에 달려 있다. 화약은 저렴하면서도 높은 출력을 제공하는 에너지원으로, 다른 에너지원과 비교해 압도적인 출력 성능을 자랑한다. 그 결과, 화약은 발명된 지 천 년이 넘었음에도 여전히 살상 도구의 핵심 재료로 자리 잡고 있다. 무기 공학자들은 화약 기반의 살상 도구의 성능과 운용성을 향상하기 위해 다양한 혁신적인 접근법을 시도해왔다. 특히, 화약의 이동성을 높이기 위해 석유와 내연기관 기술을 융합했으며, 정확도를 개선하기 위해 레이더와 영상 기술 등을 접목시켰다. 화약은 이렇게 새로운 기술들과 결합해 그 가치를 지속적으로 강화해왔다.

이러한 맥락에서 AI는 무기 기술에서 점점 더 중요한 역할을 차지하고 있다. AI는 스스로 물리력을 직접 행사하지 않지만, 화약 기반 무기와 결합하면 강력한 시너지 효과를 만들어낸다. AI가 무기에 적용되면 화약의 사용 효율을 극대화하고, 부수적 피해를 줄이며, 전술적 의사결정을 최적화할 수 있다. AI는 전장의 상황을 실시간으로 분석하고, 적의 움직임을 예측하며, 무기를 효율적으로 배치하도록 돕는다. 이는 과거 지휘관들이 수행했던 에너지 분배와 집중에 관한 결정을 보완하거나 대체하는 역할을 한다.

과거에는 전투에서 지휘관의 전략적 능력이 승패를 가르는 핵심 요소였다. 그러나 AI 기술의 발전으로 인해 미래에는 지휘관의 역할이 크게 축소될 가능성이 있다. 지휘관은 AI가 제시하는 전략과 판단에 따르기만 하면 되고, 오히려 AI의 성능이 전투의 승패를

이스라엘이 하마스와의 전쟁에서 사용했다고 추정되는 AI 기반 라벤더 시스템의 상상도이다. 라벤더 시스템은 방대한 데이터를 분석해 하마스 및 팔레스타인 이슬람 지하드(PIJ) 조직원으로 추정되는 약 37,000명을 식별하는 데 사용되었다. 이 시스템은 표적 식별과 공격 과정을 자동화하여 신속한 군사 작전을 지원하지만, 민간인 피해 가능성에 대한 우려도 제기되고 있다. (출처: Image Generated using chatGPT with Dall-E)

결정짓는 중요한 요소로 부상할 수 있다. 이러한 변화는 알파고와 이세돌의 바둑 대결에서도 엿볼 수 있다. 당시 알파고의 인간 상대는 구글 딥마인드의 연구원인 아자 황(Aja Huang, 1978~현재)으로, 그는 단순히 알파고의 지시에 따라 바둑돌을 놓는 역할을 했을 뿐이었다.

살육 도구와 내연기관의 결합이 전차, 전투기, 함정 같은 혁신적인 무기체계를 탄생시킨 것처럼, AI도 기존의 무기체계와 융합하여 새로운 형태의 무기체계로 진화되고 있다. AI는 무기체계의 두뇌로서 살상 도구를 언제, 어떻게 사용할지를 결정한다. 이를 통해 전투는 이전보다 더 정교하고 효과적으로 수행될 수 있다. 이스라엘이 개발한 '라벤더(Lavender)' 시스템은 AI의 군사적 역할을 잘 보여주는 사례이다. 이 시스템은 얼굴 인식과 위치 추적 기술을 활용하여 적군을 식별하고, 표적 선정 및 타격 명령을 자동화한다. 방대한 감시 데이터를 실시간으로 처리하며 적의 위치와 동선을 파악하고, 인간이 대응하기 어려운 속도로 빠르게 결정하고 실행할 수 있다. 이러한 자동화는 전장에서의 대응 속도를 크게 향상시키며, 정확성과 효율성을 높이는 데 이바지한다. 그러나 AI의 군사적 활용에는 윤리적 문제도 뒤따른다. AI가 인간의 생사를 결정하는 과정에서 오판의 위험이 존재하며, 이를 해결하기 위해 윤리적 기준과 검증 절차의 강화가 필수적이라는 목소리가 커지고 있다.

전기 먹는 하마

AI는 현대 기술 발전의 핵심이자 미래 사회를 변화시킬 주요 동력으로 주목받고 있다. 알파고와 같은 AI의 등장은 단순히 바둑에서의 승리를 넘어 인간의 사고 체계를 모방하고 이를 초월할 수 있다는 가능성을 보여주었다. 그러나 이러한 기술이 높은 에너지 소비를 요구한다는 점은 자주 간과되고 있다. 특히, 대규모 언어 모델33)과 같은 최신 AI 기술은 그 연산 과정에서 막대한 전력을 필요로 하며, 이는 이러한 기술을 군사적 목적으로 활용하는 데 큰 도전 과제가 되고 있다.

AI의 에너지 소비 문제는 초기부터 존재했다. 알파고는 바둑 대

---

33) LLM(large language model)이라고 부른다.

AI 기술의 발전으로 인해 데이터 처리와 서버 운영에서 전력 소비량이 급증하고 있다. 이를 충족하기 위해 안정적이고 대규모 전력을 공급할 수 있는 핵발전소의 추가 건설 필요성이 제기된다. 핵발전은 탄소 배출을 줄이는 동시에 AI 기반 기술 확산에 따른 에너지 수요를 감당할 수 있는 현실적인 대안으로 평가받고 있다. (출처: Image Generated using chatGPT with Dall-E)

국에서 이세돌을 상대로 놀라운 성과를 보였지만, 당시 사용된 전력은 인간 두뇌와 비교해 8,500배에 달했다. 이후 딥러닝 기술이 발전하면서 연산 능력과 성능은 비약적으로 향상되었으나, 그만큼 에너지 소비량도 급증했다. 테슬라의 자율주행 인공지능 서버는 1,800kW의 전력을 소모하며 알파고의 10배에 달하는 소비량을 기록했다. 이러한 상황은 AI를 무기체계에 통합하려는 논의에서 핵심적인 장애물로 작용한다. 군사 시스템은 일반적으로 전력 자원이 제한적인 환경에서 운용되므로, 현재의 AI 기술을 무기에 적용하려면 전력 소비 문제를 해결할 방안이 필수적이다.

AI 기술의 군사적 활용에서 에너지 문제가 더욱 두드러지는 이유
는 단순히 높은 소비량 때문만이 아니다. 군사 무기는 효율성과 신
뢰성이 중요하다. 예를 들어, 무인 드론이나 로봇이 전투 상황에서
중단 없이 작동하려면 안정적인 전력 공급이 필수적이다. 현재 사
용되는 리튬이온배터리는 kg당 약 0.15~0.23kWh의 에너지를 저장
할 수 있는데, 이는 인간이 몸에 저장하는 지방 에너지 밀도의 1/70
에 불과하다. 이러한 에너지 저장 한계는 군사적 응용에서 AI의 지
속 운용 가능성을 심각하게 제한한다. 배터리 교체나 충전은 전투
중단을 야기할 수 있으며, 이는 전략적 약점으로 이어질 수 있다.

이와 같은 문제를 해결하기 위해 AI 적용 무기체계에 대한 새로
운 접근법이 필요하다. 첫째, AI의 에너지 효율을 개선하는 것이
우선 과제이다. 인간 두뇌는 0.02kW의 에너지로 고도로 복잡한 사
고와 의사결정을 수행한다. AI가 인간의 두뇌를 모방하려 한다면,
단순히 성능을 추구하는 대신 에너지 효율을 최적화하는 방향으로
연구가 진행되어야 한다. 이를 위해 뉴로모픽(neuromorphic) 컴퓨팅
과 같은 생체 모방 기술이 유용할 수 있다. 뉴로모픽 컴퓨팅은 인간
두뇌의 신경 네트워크 구조를 기반으로 하여 낮은 전력으로 복잡
한 연산을 수행할 수 있는 기술이다. 이러한 기술은 군사적 응용에
서 특히 유망하며, 제한된 전력 자원으로도 지속적인 작동을 보장
할 수 있다.

둘째, 에너지 저장 기술의 혁신이 필요하다. 현재의 리튬이온배
터리로는 높은 에너지 밀도와 빠른 충전 속도를 요구하는 군사적

살육의 과학

요구사항을 만족하기 어렵다. 따라서 전고체 배터리[34]나 수소·연료전지와 같은 대체 에너지 저장 기술이 적극적으로 연구되고 있다. 특히 수소·연료전지는 높은 에너지 밀도와 빠른 충전 능력을 제공하므로 AI 전원으로 적합하다. 또한, 에너지 생성과 관련하여 소형화된 신재생 에너지 발전 시스템을 개발하는 것도 중요한 방향이다. 예를 들어, 태양광 패널이나 소형 풍력 발전기를 이용해 드론이나 로봇이 스스로 에너지를 생성하고 충전할 수 있는 자급형 시스템을 구축하는 방안이 검토될 수 있다.

셋째, AI를 군사적 목적으로 활용할 때 에너지 사용의 최적화를 위해 기능을 분산시키는 전략이 필요하다. 모든 기능을 하나의 무기 시스템에 통합하는 대신, 기능을 분리하여 각각의 역할을 최소한의 에너지로 수행할 수 있도록 설계하는 것이다. 예를 들어, 감시와 탐지는 저전력 센서를 활용하고, 데이터 처리는 클라우드 기반의 중앙 서버에서 수행하는 방식으로 분업화할 수 있다. 이를 통해 전력 소비를 최소화하면서도 시스템의 신뢰성과 효율성을 유지할 수 있다.

전투 상황에서는 생존과 승리를 위해 가능한 모든 자원을 동원하려는 것이 인간의 본질적인 행동 양식이다. 그러나 이러한 선택은 언제나 긍정적인 결과만을 가져오는 것은 아니다. 과거 핵무기의 사용이 그랬다. 핵무기는 전쟁의 승리를 보장하는 데 결정적 역할을 했지만, 그 부작용은 너무도 크고, 그 여파는 오랜 시간 동안 지속되었다.

---

34) All-Solid-State Battery

미래에는 AI가 핵무기와 같은 존재가 될 가능성이 크다. 전투에서 AI를 사용하면 전투의 승리를 가져다줄 수 있지만, 통제되지 않은 오작동이나 악용으로 인해 그 피해는 상상을 초월할지도 모른다. 그럼에도 불구하고, 지휘관은 어쩔 수 없이 AI를 사용할 수밖에 없을 것이다. AI는 효율성, 정확성, 신속성을 통해 현대 전쟁의 양상을 바꿔 놓고 있으며, 이러한 이유로 미래 전투에서 AI는 필수적인 무기체계로 자리 잡을 가능성이 크다.

따라서, AI 기반의 미래 군사 전략을 뒷받침하기 위해 풍부하고 안정적인 전기에너지 공급 체계를 구축하는 것이 필수적이다. 더불어, AI 사용의 윤리적 기준과 법적 규제를 마련하는 것도 미래 전략에서 중요한 과제가 될 것이다. 인간은 다시 한번 기술과 책임의 경계 위에서 신중한 선택을 내려야 할 것이다.

핵에너지

화약이 발명된 이후, 인류는 물리적 타격을 위한 더욱 강력한 살상 도구를 개발하기 위해 오랜 세월 동안 시도해왔다. 석유와 내연기관이 등장하면서 강력한 에너지원이 확보되었으나, 그 출력은 화약이 가진 파괴력에 비해 부족했다. 석유와 전기는 전쟁에서 주로 지원 역할에 머물렀다. 석유는 살상 도구를 이동시키거나 보조하는 데 사용되었고, 전기는 통신 장비나 레이더 등으로 전투의 효율성을 높이는 데 기여했지만 직접적인 물리적 타격에는 한계가 있었다.

이러한 상황은 오랜 시간 지속되었다. 인류는 물리적 타격을 위한 주요 수단으로 화약에 의존해왔다. 그러나 20세기에 접어들어 새로운 차원의 살상 무기를 개발하기 시작했고, 2차 세계대전 말기에 지금까지도 타의 추종을 불허하는 파괴력을 지닌 무기, 핵무기가 탄생했다. 오펜하이머(J. Robert Oppenheimer, 1904~1967)를 비롯한 맨해튼 프로젝트의 과학자들이 개발한 핵에너지는 화약을 압도적으로 뛰어넘는 엄청난 파괴력을 발휘했다.

화약은 연료와 산화제가 균일하게 혼합된 물질로, 격렬한 연소 반응을 통해 순간적으로 막대한 열에너지를 방출한다. 그러나 핵무기는 전혀 다른 원리로 작동한다. 핵에너지는 화학적 연소와는 달리 산소의 공급에 의존하지 않는다. 핵무기의 에너지는 원자핵의 분열(핵분열) 또는 융합(핵융합) 과정에서 발생하며, 그 파괴력은 기존 화약의 에너지를 압도한다.

예를 들어, TNT[35] 1t의 에너지 방출량은 약 $4.184 \times 10^9 J$(4.184 GJ)로, 일반적인 폭발력의 기준으로 사용된다. 반면, 핵폭탄 1t에 포함된 핵물질(우라늄-235 또는 플루토늄-239)이 완전히 핵분열할 경우 방출되는 에너지는 약 $4.18 \times 10^{15} J$(4.18 PJ)이다. 이론적으로는 핵폭탄의 에너지가 화약보다 약 백만 배 높다. 그러나 실제 핵폭탄에서는 여러 요인으로 인해 이러한 차이가 줄어든다. 그럼에도 불구하고 핵무기의 파괴력은 기존 화약 기반 폭발물을 능가하며, 전쟁의 양상을 근본적으로 변화시켰다.

핵무기의 등장은 기존의 에너지 사용 방식을 완전히 뒤바꿔 놓았다. 핵에너지가 등장하기 전까지 인류가 활용하던 모든 에너지는 형태는 달랐지만 결국 태양에서 기원한 것이었다. 병사의 생체에너지는 태양 빛으로 자란 식물과 그 식물을 먹고 자란 동물에서 비롯되었으며, 석유 역시 수천만 년 전 태양 에너지를 흡수하며 생존했던 동식물의 잔해가 화석화되어 형성된 것이다.

이에 반해 핵에너지는 태양 에너지가 아닌, 초신성 폭발에서 생성된 무거운 원소들이 지구 형성 과정에서 축적된 에너지이다. 우

---

35) TNT(Trinitrotoluene, $C_7H_5N_3O_6$)는 톨루엔의 수소 세 개가 질산기(-NO_2)로 치환된 화합물

살육의 과학

라늄과 같은 무거운 원소들은 자연 상태에서 만들어질 수 없는 특별한 물질이다. 예를 들어, 수소 원자들은 핵융합을 통해 헬륨을 생성하고, 헬륨은 다시 핵융합을 거쳐 더 무거운 원소를 형성할 수 있다. 그러나 이러한 핵융합 과정은 극도로 높은 온도와 압력이 요구되며, 인간이 인위적으로 만들 수 있는 수준은 기껏해야 수소를 핵융합하여 에너지를 생산하는 단계에 불과하다. 이는 우리가 핵융합 발전을 실현하는 데도 큰 어려움을 겪고 있는 이유이기도 하다.

하지만 인간이 아닌 우주의 스케일로 보면 이런 고온 고압의 환경이 자연스럽게 만들어진다. 천문학자들은 별의 탄생과 죽음, 특히 초신성 폭발을 관측하며 이러한 환경에서 우라늄 같은 고질량 원소가 생성될 수 있다는 것을 밝혀냈다. 초신성 폭발은 엄청난 에너지와 압력을 발생시켜 수소와 헬륨처럼 가벼운 원소를 융합시켜 철보다 무거운 원소들을 형성한다. 이 과정에서 생성된 우라늄은 지구가 형성될 당시 축적되었으며, 현재 우리가 사용하는 우라늄은 바로 그 순간에 생성된 것이다.

결론적으로, 우라늄은 지구 탄생 과정에서 만들어진 뒤로 더 이상 생성될 수 없는 물질이다. 이는 인류가 사용하는 핵에너지의 근원이 태양에서 기원한 화학적 에너지와는 완전히 다른 차원의 에너지임을 의미하며, 우주적 기원의 흔적을 담고 있다고 볼 수 있다.

과학자들도 처음부터 이 같은 사실을 알았던 것은 아니다. 그들은 세상에서 가장 작은 요소인 원자를 연구하던 중, 우주의 가장 큰 신비 중 하나를 발견하게 되었다. 원자의 분열과 융합에서 방출되는 핵에너지는 상상조차 할 수 없는 거대한 힘을 내포하고 있었다. 이러한 발견은 전쟁의 판도를 완전히 바꾸었고, 이는 마치 판도라의 상자를 연 것처럼 인류에게 통제하기 어려운 위험과 함께 새로운 가능성을 열어주었다.

화약이 발명된 이후 오랜 시간이 지나, 인류는 태양 에너지에 의존하던 기존의 방식을 넘어 우주와 별의 형성 과정에서 비롯된 거대한 에너지를 전쟁에 직접 활용하는 시대에 접어들었다. 핵무기는 기존 화약과는 차원이 다른 파괴력을 가지며, 그로 인해 전쟁의 양상은 근본적으로 변화했다. 이번 챕터에서는 핵에너지가 인류의 전쟁에 어떻게 도입되었는지, 그리고 그 과정에서 어떤 영향을 미쳤는지 살펴보자.

4가지 힘과 무기의 비밀: 중력부터 핵력까지

자연을 지배하는 4가지 기본 힘은 중력, 전자기력, 강한 핵력, 약한 핵력으로 모든 물리적 상호작용의 근본을 이루는 개념이다. 이 힘들은 우리가 일상에서 경험하는 현상뿐만 아니라 원자, 분자 수준에서 일어나는 모든 현상을 설명하는 데 필수적이다. 물리학자들은 이 힘들이 우주에 존재하는 모든 물질과 에너지를 통제하고 상호작용하게 만드는 기초적인 작용이라고 정의한다. 이 네 가지 힘은 각각 다른 성질과 범위를 가지며, 서로 다른 방식으로 자연계에 영향을 미친다. 그럼 이제 중력을 시작으로 하나씩 차근차근 알아보자.

중력은 우리에게 가장 친숙한 힘이다. 질량을 가진 모든 물체는 중력을 통해 서로를 끌어당기며, 그 크기는 물체의 질량에 비례하고, 거리의 제곱에 반비례한다. 중력은 우리가 지구에 붙어 있을 수 있게 해주고, 행성들이 태양 주위를 공전하게 하며, 우주 규모에서 별과 은하를 형성하고 유지하는 힘이다. 그러나 중력은 4가지 기본 힘 중 가장 약하다. 원자와 같은 미시적 규모에서는 그 역할이 미미하지만, 우주적 규모에서는 그 약함에도 불구하고 결정적인 역할을 한다.

전자기력은 전기력과 자기력이 결합한 힘으로, 전하를 가진 입자 간의 상호작용을 설명한다. 이는 중력보다 훨씬 강하지만, 전하가 없는 물체 사이에서는 작용하지 않는다. 전자기력은 원자와 분자를 구성하는 전자와 양성자 사이의 상호작용을 지배하며, 원자 내부에서 전자가 핵 주위를 공전하는 이유도 이 힘 덕분이다. 양전하와 음전하가 서로 끌어당기고, 같은 전하는 서로 밀어내는 현상은 이 힘의 대표적인 예다. 전자기파와 자기장도 전자기력의 산물이다. 전자기력은 우리가 일상적으로 경험하는 대부분의 힘을 설명하며, 전기, 자기, 화학적 결합, 광학 현상 등 다양한 현상에 관여한다.

약한 핵력은 원자핵 내부에서 방사성 붕괴를 일으키는 힘이다. 이 힘은 중성자와 양성자의 변환과 같은 과정에서 관찰되며, 이는 우주가 어떻게 발전해왔는지를 설명하는 데 중요한 역할을 한다. 약한 핵력은 베타 붕괴와 같은 방사성 붕괴에서 발견되며, 중성미자와 같은 입자들이 이 힘으로 상호작용한다. 이 힘은 작은 범위에서만 작용하지만, 원자핵의 안정성에 큰 영향을 미치며, 별의 내부에서 핵융합을 통해 에너지가 생성되는 과정과도 깊이 관련되어 있다.

강한 핵력은 자연계의 기본 힘 중 가장 강력한 힘이다. 이 힘은 양성자와 중성자를 원자핵 내부에서 결합시키며, 짧은 거리에서만 작용하지만, 그 세기는 다른 힘들과 비교할 수 없을 정도로 크다. 강한 핵력 덕분에 전기적으로 서로 반발하는 양성자들이 원자핵 내에서 결합될 수 있다. 만약 강한 핵력이 없다면, 원자핵은 양성자들의 반발력 때문에 유지될 수 없고, 결국 원자는 존재하지 않을 것이다. 핵폭탄의 원리도 바로 이 강한 핵력에서 나온다. 핵이 분열하거나 융합할 때 강한 핵력이 해방되면서 막대한 에너지를 방출하는 것이다.

이러한 네 가지 힘은 각각의 작용 범위와 강도에서 차이가 있지만, 이들이 상호작용하여 우주가 지금의 모습으로 존재하게 만든다. 중력은 물체가 커질수록 더 강력하게 작용해 행성과 별을 묶어주며, 전자기력은 원자와 분자가 형성되도록 하고, 약한 핵력은 방사성 붕괴와 우주 초기의 핵 합성 과정을 설명하며, 강한 핵력은 원자핵을 유지하는 역할을 한다. 이들 네 가지 기본 힘은 물질의 근본적인 구조와 상호작용을 설명할 수 있으며, 과학자들은 이 힘들이 통일된 이론으로 설명될 수 있다고 믿고 있다. 현재까지는 강한 핵력과 약한 핵력, 전자기력은 표준 모형이라는 이론에서 어느 정도 통일적으로 설명되고 있지만, 중력은 여전히 그 통합에 어려움을 겪고 있다.

이 네 가지 기본 힘은 무기 시스템에도 각기 다른 방식으로 작용한다. 중력은 미사일, 포탄, 폭탄과 같은 무기의 궤적을 결정짓는 중요한 역할을 한다. 중력은 비록 가장 약한 힘이지만, 무기에서의 비행 궤도를 계산하는 데 필수적이다. 예를 들어, 장거리 미사일이

살육의 과학

나 포탄의 경우 중력과 바람을 고려해 정확한 목표물에 도달하도록 계산해야 한다.

전자기력은 현대 무기 시스템에서 가장 널리 사용되는 힘이다. 전자기력을 이용한 무기들로는 레이저 무기, HPM 무기, 레일건, 전자전 장비 등이 있다. 전자기력의 작용으로 인한 전자기파는 레이저 무기와 같은 고정밀 무기의 원리로 사용된다. 또한, 현대의 군사 통신 시스템, 레이더, 유도 미사일 등은 전자기파와 전자기력을 이용해 전투에서의 전략적 우위를 제공한다. 전자기력은 우리가 일상적으로 경험하는 거의 모든 전기적, 자기적 현상을 설명하며, 이를 바탕으로 한 무기들은 정밀하고 강력하다.

약한 핵력은 방사성 붕괴 현상과 관련된 힘으로, 방사성 물질을 이용한 무기에 중요한 역할을 한다. 예를 들어 방사능을 이용한 '더티 밤(Dirty Bomb)'은 방사성 물질의 붕괴로 인한 오염 효과를 무기로 활용한다. 이 과정에서 약한 핵력은 방사성 붕괴를 촉발해 장기적인 환경 피해를 초래하며, 심리적 공포를 일으키는 데 중요한 역할을 한다.

가장 강력한 기본 힘인 강한 핵력은 핵무기의 기초가 되는 힘이다. 강한 핵력은 원자핵을 구성하는 양성자와 중성자를 결합하는 힘으로, 강력하지만 원자핵 내에서만 작용한다. 핵폭탄과 같은 무기들은 강한 핵력이 해방될 때 발생하는 막대한 에너지를 이용한다. 핵분열이나 핵융합을 통해 강한 핵력이 풀려나며, 이로 인해 발생하는 에너지는 엄청난 파괴력을 지닌다. 핵 발전소에서 사용하는 에너지나 군사적 목적으로 개발된 핵무기 모두 강한 핵력의 원리를 바탕으로 작동한다.

결국, 이 네 가지 기본 힘은 각기 다른 방식으로 무기 시스템에 작용하며, 물리적 상호작용을 통해 전투에서 중요한 역할을 한다. 이들 중 강한 핵력은 인류가 개발한 가장 파괴적인 무기의 기반이 된다. 핵폭탄, 핵추진 항공모함, 핵추진 잠수함 등은 모두 이 강한 핵력의 에너지를 이용해 만들어진 무기체계이다. 이제 인류가 강한 핵력을 활용해 막대한 에너지를 방출하는 무기를 어떻게 만들어냈는지, 그리고 핵폭탄의 개발 과정과 그 영향에 대해 자세히 알아보자.

초소형 입자에서 초대형 폭발로: 핵분열

핵폭탄을 논하기에 앞서, 핵분열에 대한 이해가 선행되어야 한다. 핵분열은 고전역학의 틀 안에서 다뤄지는 전기와 전자기학과는 본질적으로 다른, 양자역학의 법칙에 의해 설명되는 현상이다. 원자핵 내부의 강력한 핵력과 같은 양자역학적 개념은 핵분열을 이해하는 데 핵심적인 역할을 하며, 이는 인류가 고전역학에서 양자역학으로 물리학적 이해를 확장해 온 과정을 잘 보여주는 사례다.

고대 그리스 철학자 데모크리토스(Democritus)가 '더 이상 나눌 수 없는 입자'로서 원자의 개념을 제안한 것에서 출발해, 인류는 물질의 근본적인 구성 요소를 끊임없이 탐구해왔다. 19세기에 들어서면서 과학자들은 물질의 구조를 더욱 심도 있게 연구하기 시작했고, 그 결과 밝혀진 여러 과학적 사실이 하나둘씩 결합하며, 이전까지 미지의 영역이었던 물질의 세계가 점차 모습을 드러냈다. 지금부터 그 과정을 간략히 살펴보자.

18세기 라부아지에(Antoine Lavoisier, 1743~1794)는 질량 보존의 법칙을 통해 화학 반응에서 물질이 사라지거나 생성되지 않는다는 원리를 제시하며 근대 화학의 기틀을 마련했다. 19세기 초 돌턴(John Dalton, 1766~1844)은 원자론을 제창해 물질이 원자라는 기본 단위로 구성되어 있음을 이론화했다. 이후 아보가드로(Amedeo Avogadro, 1776~1856)는 분자 개념을 도입해 기체의 성질을 설명했으며, 멘델레예프(Dmitri Mendeleev, 1834~1907)는 주기율표를 만들어 원소 간 규칙성을 정리했다. 19세기 말 톰슨(Joseph John Thomson, 1856~1940)은 음극선 실험을 통해 전자를 발견하며 원자가 더 작은 입자로 구성된 복잡한 구조임을 처음으로 밝힘으로써 현대 원자 이론의 토대를 다졌다. 그는 전자가 양전하를 띠는 물질 안에 박혀 있다는 '푸딩 모델'을 제안했지만, 이 모델은 1909년 러더퍼드(Ernest Rutherford, 1871~1937)의 실험에 의해 수정되었다. 러더퍼드는 알파 입자를 금박에 쏘는 실험을 통해, 원자의 중심에 질량이 집중된 작은 핵이 있다는 것을 발견했다. 이로써 원자는 대부분 빈 공간이고, 중심에 양성자로 이루어진 핵이 있다는 '러더퍼드 원자 모형'이 제시되었다.

러더퍼드의 발견은 원자핵의 존재를 밝혔지만, 원자핵이 정확히 어떻게 구성되어 있는지에 대한 의문이 여전히 남아 있었다. 여기서 보어(Niels Bohr, 1885~1962)는 전자가 특정 궤도를 따라 움직이며, 에너지를 흡수하거나 방출할 때 궤도를 바꾼다는 '보어의 원자 모형'을 제안하며 원자 내부 구조에 대한 이해를 한 단계 더 발전시

컸다. 그러나 이 시점에서도 원자핵은 양성자로만 구성된 것으로 여겨졌고, 원자핵을 안정시키는 다른 입자의 존재는 알려지지 않았다.

그 의문은 1932년 채드윅(James Chadwick, 1891~1974)에 의해 해결되었다. 러더퍼드의 제자인 채드윅은 원자핵 안에 전하를 띠지 않는 입자가 존재한다는 가설을 실험을 통해 증명했다. 베릴륨에 알파 입자를 충돌시켰을 때, 예상하지 못한 중성 입자가 방출된다는 사실을 관찰하면서 중성자의 존재를 입증한 것이다. 이로써 원자핵은 양성자와 중성자로 이루어져 있다는 사실이 밝혀졌고, 이 발견은 핵물리학의 중요한 전환점이 되었다.

중성자의 발견은 특히 중요한 의미가 있다. 중성자는 전하를 띠지 않기 때문에 다른 입자들과 달리 전자기적 반발을 받지 않고 원자핵에 침투할 수 있었다. 이것이 핵물리학 연구에서 새로운 가능성을 열어주었으며, 특히 중성자를 이용한 핵반응의 제어에 관한 연구가 시작되었다. 중성자는 원자핵을 분열시키는 데 효과적인 도구였지만, 이를 통제하고 이용할 방법이 필요했다. 이를 위해 과학자들은 중성자를 발생시키고 제어하는 기술을 개발하기 시작했으며, 다양한 실험 장치가 만들어졌다.

이러한 기술적 진보는 1938년, 독일의 화학자 한(Otto Hahn, 1879~1968)과 그의 동료 슈트라스만(Fritz Strassmann, 1902~1980)이 우라늄에 중성자를 충돌시키는 실험을 통해 큰 돌파구를 마련했다. 그들의 실험 결과는 오스트리아-스웨덴의 물리학자 마이트너(Lise Meitner, 1878~1968)와 프리쉬(Otto Frisch, 1904~1979)에 의해 핵분열이라는 개념으로 명명되고 이론적으로 설명되었다. 그들은 우라늄 원자핵

살육의 과학

1912년 오토 한(Otto Hahn)과 리제 마이트너(Lise Meitner). 오토 한과 리제 마이트너는 핵분열 발견에 함께 기여한 과학자 동료로, 오토 한은 실험적 증명을, 리제 마이트너는 이론적 해석을 담당했다. (출처: Public Domain, Wikimedia Commons)

이 중성자와의 충돌로 인해 두 개 이상의 작은 원자핵으로 분열된다는 것을 발견했다. 이 과정에서 막대한 양의 에너지가 방출되었으며, 이는 핵분열로 알려지게 되었다.

핵분열에서 엄청난 에너지가 방출되는 이유는 자연에 존재하는 네 가지 기본 힘 중 하나인 강한 핵력과 관련이 있다. 원자핵 내부에서 양성자들은 서로 같은 전하를 띠기 때문에 강한 전기적 반발력을 가지지만, 강한 핵력이 이 반발을 극복하고 양성자와 중성자를 결합시켜 원자핵을 안정시킨다. 핵분열이 발생할 때, 원자핵이 두 개로 나뉘면서 이 결합을 유지했던 강한 핵력이 해방되고, 그 결과 엄청난 양의 에너지가 방출된다. 이 에너지는 주로 열에너지와 방사선 형태로 나타나며, 원자핵의 분열 시 생성된 고에너지 입자들이 주변 물질과 충돌하면서 열을 발생시킨다. 이러한 열에너지는 핵폭발의 강력한 폭발력과 충격파를 발생시키는 주된 원인이

된다. 이 과정은 아인슈타인의 유명한 방정식 E=mc²으로 설명할 수 있다. 여기서 'm'은 핵분열 과정에서 사라진 질량, 즉 원자핵이 분열하면서 사라진 작은 질량의 차이를 의미하며, 이 질량이 에너지로 변환된다. 'c'는 빛의 속도(약 3×10^8m/s)를 의미하며, 이 값이 아주 크기 때문에 작은 질량 변화도 큰 에너지로 전환될 수 있음을 의미한다. 핵분열에서 방출된 에너지는 이러한 질량 결손이 빛의 속도 제곱이라는 큰 값으로 곱해지면서 엄청난 에너지를 발생시키

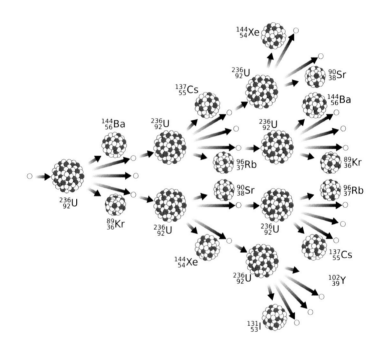

핵분열 과정은 무거운 원자핵(예: 우라늄-235)이 중성자를 흡수해 불안정해지면서 두 개의 가벼운 원자핵으로 쪼개지고, 이 과정에서 대량의 에너지와 여러 중성자를 방출한다. 방출된 중성자는 주변의 다른 원자핵에 흡수되어 연쇄적으로 핵분열을 유발하며, 이는 원자로에서 에너지를 생산하거나 핵무기에서 폭발력을 생성하는 데 활용된다. (출처: MikeRun, CC BY-SA 4.0)

1939년 8월 2일 미국 대통령 프랭클린 D. 루스벨트에게 보낸 편지의 스캔본은 알베르트 아인슈타인이 서명했지만 대부분은 헝가리 물리학자 레오 실라르드가 썼다고 한다. (출처: Public Domain, Wikimedia Commons)

는 것이다. 핵분열에서 방출된 에너지는 이러한 질량 결손이 에너지로 변환되면서 발생하는 것이다.

핵분열이 한 번 발생하면 추가적인 중성자가 방출되며, 이 중성자가 또 다른 원자핵에 충돌하여 분열을 일으킬 수 있다는 점이 관찰되었다. 이로써 연쇄반응의 개념이 등장하게 되었다. 연쇄반응의 개념은 1933년 헝가리 출신의 물리학자 실라르드(Leó Szilárd, 1898~1964)에 의해 처음 제안되었으며, 1939년에 이 개념이 구체화되어 핵분열을 통해 엄청난 양의 에너지를 지속적으로 방출할 수 있다는 이론으로 발전되었다. 실라르드는 이 이론을 바탕으로 대량 에너지를 방출하는 무기의 개발 가능성을 경고했고, 그의 제안은 아인슈타인(Albert Einstein, 1879~1955)을 통해 당시 미국 대통령 루스벨트(Franklin D. Roosevelt, 1882~1945)에게 전달되었다.

그 결과, 2차 세계대전 중 루스벨트 대통령은 실라르드와 아인슈타인의 경고를 바탕으로, 핵무기 개발의 필요성을 인지하고 '맨해튼 프로젝트'를 추진했다. 그는 거대한 자원을 투입하여 세계 최고의 과학자들을 모았고, 페르미(Enrico Fermi, 1901~1954), 오펜하이머 등 저명한 과학자들이 이 프로젝트에 참여했다. 과학자들은 중성자를 효과적으로 제어하고 연쇄반응을 유도하는 방법을 연구했으며, 우라늄과 플루토늄을 이용한 핵폭탄 설계를 완성했다. 1945년 7월 16일, 미국 뉴멕시코주의 알라모고도(Alamogordo) 근처에서 세계 최초의 핵폭발 실험인 트리니티(Trinity) 실험이 성공하면서, 인류는 핵에너지를 무기로 전환하는 데 성공하게 되었다. 트리니티 실험은 플루토늄을 사용한 핵폭탄이 실제로 폭발할 수 있는지를 확인하기 위한 것이었으며, 실험의 성공은 이후 핵무기의 실전 사용 가능성을 입증했다. 이후 히로시마와 나가사키에 투하된 핵폭탄은 엄청난 파괴력을 보여주었고, 전쟁의 판도를 완전히 바꾸는 결과를 가져왔다.

핵폭탄이 폭발하면 열, 압력, 방사능의 세 가지 주요 방식으로 살상과 파괴를 일으킨다. 먼저, 폭발 순간 방출되는 엄청난 열에너지는 수백만 도에 달하는 고온의 화염구를 형성하며, 이는 폭심지(爆心地) 주변을 완전히 초토화한다. 이로 인해 발생하는 화염과 열복사는 건물과 자연물을 태우고, 사람들에게 치명적인 화상을 입힌다. 기존 사례에 따르면, 열복사는 핵폭탄으로 인한 초기 사망자의 약 30~50%를 차지한다. 두 번째로, 폭발 중심에서 발생하는 강력한 충격파는 고압의 압력파로 변해 넓은 범위에 걸쳐 파괴를 일으킨다. 충격파는 건물을 붕괴시키고, 파편을 날려 사람들에게 심각한 외상을 입히며, 높은 압력으로 내부 장기를 손상시켜 사망에 이르게 한다. 압력에 의한 피해는 초기 사망자의 약 40~50%로, 열복사와 함께 가장 큰 비중을 차지한다. 마지막으로, 폭발 과정에서 방출되는 방사선은 즉각적으로 사람의 세포를 파괴하고, 유전자 돌연변이를 유발해 생물학적 기능을 손상시킨다. 감마선과 중성자선 등 강력한 방사선은 초기 사망의 약 10~20%를 차지하며, 이후 암, 백혈병 등의 질병을 통해 장기적으로 더 많은 생명을 앗아간다. 또한, 방사능 낙진(fallout)은 폭발 이후에도 광범위한 지역을 오염시켜 지속적인 피해를 일으킨다.

핵폭탄과 기존 화약 폭탄은 폭발의 본질적 방식과 결과에서 큰 차이를 보인다. 화약 폭탄의 경우, 화학적 폭발을 통해 고온과 고압의 기체를 방출하며 파괴를 일으킨다. 이 과정에서 주된 피해 요소는 폭발로 인한 충격파와 파편이다. 화약 폭탄은 주변 환경을 태우거나 충격파로 건물을 붕괴시키고 파편을 통해 인명 피해를 입히는 데 그친다. 그러나 방사선 피해는 없다. 화약 폭탄의 피해 반경은 일반적으로 몇십 미터에서 수백 미터에 국한되며, 피해가 일회성으로 끝나는 경우가 많다.

반면, 핵폭탄은 물리적 파괴력뿐만 아니라 방사선과 낙진이라는 추가적인 파괴 요소를 포함한다. 이는 폭발이 단순한 화학 반응이 아닌 핵분열이나 핵융합과 같은 원자 수준의 에너지 방출을 통해 이루어지기 때문이다. 방사선은 즉각적인 피해를 가할 뿐 아니라 장기적으로 환경을 오염시키고 암이나 유전자 손상을 유발하는 등 세대를 넘어서는 악영향을 끼친다. 또한, 핵폭탄의 열복사와 충격파는 화약 폭탄에 비해 훨씬 더 광범위하며 강력하다. 예를 들어,

동일한 폭발 에너지를 가진 두 폭탄을 비교하더라도, 핵폭탄은 수 km에 걸쳐 피해를 입힐 수 있는 반면, 화약 폭탄은 그 피해 반경이 훨씬 작다.

이처럼 핵폭탄은 화약 폭탄과 비교할 때 파괴의 규모와 지속성, 그리고 방사능으로 인한 장기적 영향을 포함해 전혀 다른 차원의 파괴를 초래한다. 이는 인류가 핵무기를 두려워하며 통제하려는 가장 큰 이유 중 하나다.

지구의 에너지를 모으다: 핵물질 농축

핵물질 농축은 핵무기 개발과 원자로 운용에 필수적인 과정이다. 자연 상태의 우라늄이나 플루토늄 같은 방사성 물질은 다양한 동위원소로 이루어져 있지만, 그중 핵분열을 일으킬 수 있는 동위원소의 비율은 낮다. 핵분열 가능한 동위원소가 연속적으로 핵반응을 일으키려면 물질들이 충분히 밀집해 있어야 하며, 이를 위해 특정 동위원소의 비율을 인위적으로 높이는 농축 과정이 필요하다.

핵물질 농축을 이해하기 위해서는 먼저 정제와 농축의 차이를 구분할 필요가 있다. 두 용어는 서로 비슷하게 사용되지만, 의미와 과정에서 중요한 차이가 있다. 정제는 불순물을 제거하고 순수한 물질을 얻는 과정을 의미한다. 이는 원료에 섞인 불필요한 성분을 걸러내는 작업으로, 예를 들어 금을 정제하면 다른 금속과 불순물을 제거하고 순수한 금만 남기는 것이다. 핵물질의 정제도 이와 마찬가지로, 방사성 원소를 불순물로부터 분리하여 순수한 형태로 만

고농축된 우라늄-235는 핵분열에 적합한 동위 원소인 우라늄-235의 비율을 높인 물질로, 주로 원자로 연료와 핵무기 제조에 사용된다. 자연 상태의 우라늄에서 약 0.7%에 불과한 우라늄-235를 농축 과정을 통해 높은 비율로 증가시킨다. 이러한 고농축 우라늄은 에너지 생성과 군사적 목적 모두에 중요한 자원으로 간주한다. (출처: Public Domain, Wikimedia Commons)

드는 과정이다. 반면 농축은 특정 성분, 예를 들어 우라늄-235와 같은 동위원소의 비율을 높이는 과정을 의미한다. 정제된 물질에서 필요한 성분의 농도를 높여서 원하는 상태로 만드는 것이 농축이다. 우라늄 농축은 자연 상태에서 약 0.7%만 존재하는 우라늄-235를 물리적 방법을 통해 더 높은 비율로 증가시키는 작업이다. 정제는 불순물을 제거하여 순수한 형태를 만드는 것에 중점을 두고, 농축은 원하는 동위원소의 비율을 높여 핵반응에 필요한 조건을 만드는 과정이라는 차이점이 있다.

퀴리(Marie Curie, 1867~1934)의 연구는 핵물질 정제의 대표적인 사례로 볼 수 있다. 퀴리는 피치 블렌드(Pitchblende)라는 광석에서 라듐(Radium)을 정제하는 과정을 연구했는데, 이를 통해 방사성 물질을 순수하게 분리하는 방법을 개발했다. 퀴리는 화학적 분리 과정을 사용하여 피치 블렌드에서 라듐을 추출했으며, 이 과정은 반복적인 침전, 여과, 결정화 작업을 포함했다. 퀴리의 정제 작업은 엄청난 노력이 필요했으며, 1t의 광석에서 겨우 몇 그램의 라듐을 추출할 수 있었다. 이러한 연구는 방사성 물질을 다루는 기초적인 기술을 확립했으며, 이후 핵물질의 정제와 농축 과정에 중요한 기초 지식을 제공했다.

퀴리의 정제 기술은 우라늄 농축 기술과는 다른 작업이지만, 방사성 물질을 분리하고 순수하게 만드는 방법론에서 중요한 기초를 마련했다. 이러한 방사성 물질 정제 기술은 이후 핵물질 농축 과정에 필요한 과학적 지식을 제공하는 데 간접적인 영향을 미쳤다. 우라늄 농축은 물리적 방법을 통해 이루어지지만, 그에 앞서 방사성 물질을 다루고 분리하는 화학적 처리와 정제 과정에서 퀴리의 연구가 간접적으로 기여했다고 볼 수 있다.

우라늄 농축을 위해 개발된 대표적인 방식은 가스 확산법과 가스 원심분리법이다. 가스 확산법은 우라늄을 육불화우라늄(UF_6)이라는 기체 상태로 변환한 후, 반투과성 막을 통과시키는 과정을 반복하여 가벼운 우라늄-235와 무거운 우라늄-238을 분리하는 방법이다. 우라늄-235가 우라늄-238보다 약간 가벼워서 막을 조금 더 빠르게 통과하는 원리를 이용한 것이다. 이 과정은 비효율적이고 막대한 에너지를 소모하지만, 2차 세계대전 당시 맨해튼 프로젝트에서 사용된 초기 농축 방식이었다. 이후 가스 원심분리법과 같은 더 효율적이고 에너지를 절약하는 방법들이 개발되었다.

현대에는 가스 원심분리법이 주로 사용된다. 이 방법은 우라늄

1984년 오하이오주 파이크톤(Piketon)에 있는 미국의 가스 원심분리기 공장의 내부 모습. 우라늄 가스를 원심분리기 내부에서 회전시켜, 무거운 우라늄-238이 원심력에 의해 바깥쪽으로 밀려나고, 가벼운 우라늄-235가 중심에 남는 성질을 이용한 것이다. (출처: Public Domain, Wikimedia Commons)

가스를 원심분리기 내부에서 회전시켜, 무거운 우라늄-238이 원심력에 의해 바깥쪽으로 밀려나고, 가벼운 우라늄-235가 중심에 남는 성질을 이용한 것이다. 이 과정 역시 수많은 원심분리기가 필요하며, 많은 전력이 소모된다. 원심분리법은 가스 확산법에 비해 에너지 효율이 높고, 상대적으로 빠르게 농축할 수 있다는 장점이 있다. 농축은 우라늄-235의 비율을 지속적으로 높이는 작업이므로 반복적인 분리 과정을 거쳐야 하며, 정밀한 제어가 필요하다.

우라늄 농축 정도에 따라 그 용도는 크게 달라진다. 핵폭발을 일으키기 위해서는 우라늄-235의 농도가 최소 90% 이상이어야 한다. 일반적으로 이를 무기급 우라늄이라고 부르며, 핵무기에는 대략 50~100kg 정도가 사용된다. 반면, 핵추진 잠수함과 핵추진 항공모함에서 사용되는 우라늄은 약 20~90% 농축된 우라늄으로, 이 경우 사용되는 우라늄의 양은 수백 kg에서 수 t에 이른다. 핵발전소에서 사용하는 우라늄은 약 3~5%의 저농축 우라늄으로 충분하며, 원자로에는 수 t 이상의 저농축 우라늄이 사용된다.

우라늄의 농축 수준을 달리하는 이유는 각 용도에 필요한 반응의 특성과 안전성 때문이다. 핵무기에서는 급격하고 폭발적인 반응이 필요하므로, 우라늄-235의 농도를 높여야 연쇄반응이 빠르게 일어나면서 강력한 폭발을 일으킬 수 있다. 반면, 핵추진 잠수함과 핵추진 항공모함에서는 일정한 속도로 지속적인 에너지를 공급해야 하므로, 농도가 약 20~90% 정도인 우라늄이 사용된다. 핵발전소의 경우, 에너지를 오랜 시간 동안 안정적으로 생성해야 할 뿐만 아니라, 사고 발생 시의 위험성을 줄이기 위해 상대적으로 낮은 농도의 우라늄을 사용한다. 저농축 우라늄은 핵반응이 비교적 안정적으로 유지되며, 핵물질 노출이나 사고가 발생했을 때 높은 농축 우라늄보다 위험성이 낮다. 이러한 차이로 인해, 농축이라는 단어가 핵물질의 목적에 맞게 원하는 동위원소의 비율을 높이는 과정을 정확히 설명해준다. 따라서 '정제'라는 단어보다는 '농축'이라는 단어를 사용하는 것이 적절하다.

우라늄 농축 기술은 미국의 맨해튼 프로젝트(Manhattan Project)를 통해 본격적으로 발전했다. 맨해튼 프로젝트는 세계 최초의 핵무기를 개발하기 위한 비밀 프로젝트로, 미국 전역에 걸쳐 여러 연구소와 기관들이 다양한 역할을 맡아 진행했다. 이 프로젝트에서 각

미국 오크리지에 위치했던 K-25 시설은 맨해튼 프로젝트의 핵심 시설로, 기체 확산법을 이용해 핵폭탄용 농축 우라늄을 생산했다. K-25는 당시 세계 최대 규모의 건물 중 하나로, 우라늄-235를 분리하기 위해 헥사플루오라이드(UF₆)를 사용했다. 이 시설은 2차 세계대전 중 핵무기 개발의 중요한 역할을 수행했다. (출처: Public Domain, Wikimedia Commons)

연구소는 핵물질 채굴과 정제, 농축, 그리고 무기화를 담당했다. 먼저, 오크리지 연구소[36]는 우라늄 농축을 담당하는 주요 시설로, 이곳에서 가스 확산법과 원심분리법을 사용해 우라늄-235를 농축하는 작업이 진행되었다. 이러한 농축 시설을 운영하기 위해서는 풍부한 전력이 필수적이었다. 오크리지 연구소는 테네시강에 위치한 TVA(Tennessee Valley Authority) 덕분에 전력 공급이 가능하였다. TVA는 미국 정부가 대공황 시기에 설립한 대규모 수력 발전 프로젝트

36) Oak Ridge National Laboratory

로, 테네시 강 유역에 여러 댐을 건설하여 전력을 공급했다. 한편, 한포드 연구소(Hanford Laboratory)는 플루토늄 생산을 전담했다. 이곳에서는 원자로에서 우라늄-238이 중성자를 흡수하여 플루토늄-239로 변환되는 과정을 관리했다. 플루토늄-239는 우라늄-235와 마찬가지로 핵분열을 일으킬 수 있는 물질로, 핵무기 개발에 사용되었다. 마지막으로, 오펜하이머가 근무했던 로스앨러모스 연구소[37]는 핵무기의 설계와 제작을 담당했다. 로스앨러모스에서는 고농축 우라늄과 플루토늄을 이용해 핵폭탄을 설계하고, 폭발 실험을 진행했다. 1945년 뉴멕시코 사막에서 성공적으로 시행된 트리니티 실험은 세계 최초의 핵실험으로, 핵무기 개발의 가능성을 실증한 사건이었다.

핵폭탄이 강력한 에너지를 발산하는 것은 그 안에 거대한 에너지가 잠재되어 있기 때문이라는 점은 명확하다. 하지만 여기에는 한 가지 간과하기 쉬운 점이 있다. 바로 핵물질을 준비하는 과정 자체에서 엄청난 양의 에너지가 소모된다는 사실이다. 예를 들어, 우라늄 농축 과정에서는 대규모 전력과 복잡한 기술이 필요하다. 이러한 과정을 통해 핵물질은 높은 에너지 밀도를 갖는 궁극적인 형태로 변화하게 된다.

이는 투석기나 레일건과 유사한 방식으로 비유할 수 있다. 투석기는 생체에너지를 위치에너지로 전환해 많은 양의 에너지를 한곳에 모은 뒤 방출한다. 레일건은 다량의 전기에너지를 슈퍼커패시터에 저장했다가 전자기력을 통해 발사체에 전환한다. 마찬가지

---

37) Los Alamos National Laboratory

로, 핵물질 역시 자연 상태에서는 저밀도의 에너지를 갖지만, 농축 과정을 통해 에너지 밀도가 극대화된다. 비록 물리적으로 '에너지를 모으는' 형태는 아닐지라도, 농축 과정에서 소모된 에너지가 물질 내부에 간접적으로 나타난다고 볼 수 있다.

결국, 인간은 언제나 질이 낮은 에너지를 끌어모아 질이 높은 에너지를 만들고자 노력해 왔다. 더불어 이렇게 모은 에너지가 작은 부피와 가벼운 형태로 존재하기를 갈망한다. 핵물질은 이러한 인간의 욕망을 만족시켜 줄 수 있는 궁극의 물질일지도 모른다. 농축된 핵물질은 한정된 공간에 막대한 에너지를 저장하는 데 성공했으며, 이를 통해 인간은 에너지의 새로운 지평을 열었다. 그러나 이 모든 과정은 결국 자연으로부터 에너지를 빌리고, 이를 응축해 폭발적인 힘으로 방출하는 인간의 창조적 사고와 연결된다.

과학, 공학, 그리고 국가: 핵폭탄

지금까지 우리는 핵분열과 핵물질 농축의 원리를 살펴보았다. 그러나 이러한 원리만으로 핵폭탄이 곧바로 만들어지는 것은 아니다. 과학적 발견은 단지 출발점에 불과하며, 이를 실전 무기로 완성하는 과정은 과학의 경계를 넘어 공학의 영역으로 진입한다. 과학과 공학은 서로 비슷해 보이지만, 중요한 차이가 있다. 그중 하나는 바로 '돈'의 개념이다. 공학은 경제성을 고려하는 학문으로, 어떤 물건을 개발하든 가능한 한 비용을 최소화해야 한다. 이를 위해 공학자들은 수많은 수학적 계산과 설계를 반복하며 최적의 결과를 도출한다. 핵무기도 예외가 아니다. 핵분열에 관한 연구는 과학적 발견이지만, 이를 실제로 작동하는 핵무기로 만드는 과정에서는 비용과 자원의 효율성이 중요한 공학적 요소로 작용한다. 특히, 핵무기는 극도로 높은 난이도를 요구하는 무기다. 국가적 차원의 막대한 장비, 수많은 인력, 그리고 천문학적인 자금 없이는 개발 자체가 불가능하다. 이러한 배경 속에서 미국은 인류 역사상 가장 거대한 과학/공학 프로젝트 중 하나인 '맨해튼 프로젝트'를 추진하게 된다. 이 프로젝트는 단순히 과학적 발견을 넘어서, 공학적 혁신과 자원의 집중적 활용이 결합한 대표적인 사례로 평가된다.

맨해튼 프로젝트에는 미국 전역에서 최고의 과학자와 공학자들이 소집되었고, 이들은 국가를 위해 밤낮을 가리지 않고 연구에 몰두했다. 이 거대한 프로젝트의 중심에는 오펜하이머가 있었다. 2023년 개봉한 영화 '오펜하이머'에서도 강렬하게 묘사되듯, 오펜하이머는 과학자이면서도 공학자였고, 동시에 탁월한 리더였다. 그는 과학자들과 공학자들을 조직화하고, 다양한 분야의 전문가들이 협력하여 목표를 달성할 수 있도록 조정하는 중요한 역할을 했다. 그의 지도 아래 맨해튼 프로젝트는 핵무기를 실제로 구현하는데 결정적인 역할을 했다.

핵폭탄이 세상에 등장한 과정은 기존의 무기 역사와 비교할 때 이례적이다. 예를 들어, 화약이 발명된 후 이를 이용한 총과 대포가 실전에 사용되기까지는 수백 년이 걸렸다. 전기의 실체가 발견되고 레이저와 같은 첨단 기술이 실용화되기까지도 수십 년이 필요했다. 그러나 핵폭탄의 경우, 핵분열이라는 새로운 에너지 원리가 밝혀진 후 단 몇 년 만에 무기화되었다. 이렇게 급속한 발전은 2차 세계대전이라는 절박한 상황과 국가 주도의 집중적인 연구개발이 있었기에 가능했다. 이러한 상황은 국가 차원에서 과학적 성과를 즉각적으로 무기화하는 동기가 되었고, 미국은 이를 위해 모든 자원과 역량을 총동원했다. 미국은 세계적 수준의 인재와 자원, 그리고 천문학적인 자금을 모두 투입해 맨해튼 프로젝트를 성공으로 이끌었다. 여기에는 세계 각지에서 온 유능한 과학자들이 모여 협력했으며, 국가 차원의 물적·인적 자원이 집중적으로 투입되었다. 이처럼 엄청난 인적·물적 자원이 집약되었기에 핵폭탄 개발은 단기간에 성공할 수 있었다.

맨해튼 프로젝트는 단순히 과학적 실험에 그치지 않고, 이 새로운 에너지를 무기로 실전에 배치하기 위한 모든 단계를 빠르게 추진했다. 연구소 설립, 장비와 시설 구축, 그리고 핵물질의 생산과 농축 등 모든 과정이 체계적으로 이루어졌으며, 이를 통해 마침내 프로젝트 시작 후 불과 몇 년 만에 첫 핵폭탄 실험에 성공했다. 이는 단순한 성공을 넘어, 인류 역사상 가장 강력한 파괴력을 지닌 무기를 탄생시킨 충격적인 사건이었다. 지금부터는 이러한 거대한 에너지가 어떻게 실제 무기로 구현되었는지, 그리고 이 과정에서 과학적 원리와 공학적 도전이 어떻게 결합하였는지를 본격적으로 살펴보도록 하자.

리틀보이

 '리틀보이'는 맨해튼 프로젝트의 산물로 탄생한 핵폭탄이다. 그러나 리틀보이에 앞서 이미 개발된 핵폭탄이 있었다. 앞서 언급한 '트리니티'가 바로 그것이다. 1945년 7월에 실시된 트리니티 실험은 세계 최초의 핵폭탄 실험으로, 핵분열 무기의 작동 원리를 검증한 역사적인 사건이었다. 하지만 트리니티는 실전에 사용되지는 않았다. 핵폭탄이 실전에 처음 사용된 사례는 리틀보이였다. 1945년 일본 히로시마에 투하된 리틀보이는 전 세계에 핵무기의 파괴력을 처음으로 드러냈다. 이 사건은 단순한 군사적 행위를 넘어, 인류에게 핵전쟁의 위협과 그 여파에 대해 경각심을 일깨운 중요한 전환

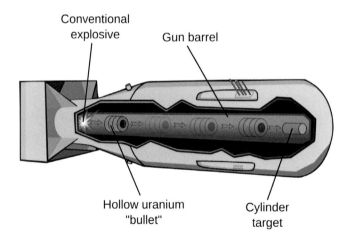

리틀보이 핵폭탄의 작동 원리를 보여주는 그림이다. 우라늄-235의 두 부분을 화약 폭발로 고속 충돌시켜 임계 질량을 형성하고, 이를 통해 핵분열 연쇄반응이 발생한다. (출처: Public Domain, Wikimedia Commons)

점이 되었다.

리틀보이는 90% 이상 농축된 우라늄-235의 핵분열을 이용한 핵폭탄이다. 핵분열은 우라늄-235와 같은 방사성 물질의 원자핵이 중성자를 흡수하면서 두 개 이상의 작은 원자핵으로 분열되는 과정이다. 이 과정에서 방출되는 막대한 에너지가 폭발로 전환된다. 핵분열이 한 번 시작되면 연쇄적으로 계속되어, 모든 연료가 소진될 때까지 멈추지 않는다. 그러나 핵폭탄은 만들어지자마자 핵분열을 시작하지 않는다. 이는 총알이나 포탄이 화약을 다량 포함하고 있어도 적절한 조건이 충족되지 않으면 폭발하지 않는 것과 유사하다. 마찬가지로, 고농축 핵물질도 핵분열을 시작하려면 '임계질량'이라는 조건을 충족해야 한다.

1945년 2차 세계대전 중 히로시마에 투하된 '리틀보이' 핵폭탄이다. 이 폭탄은 우라늄-235를 연료로 사용한 핵분열 방식으로, 약 15kt의 폭발력을 생성했다. 리틀보이는 인류 역사상 첫 실전 사용된 핵무기로, 히로시마에 막대한 피해를 초래하며 전쟁의 종결을 앞당기는 동시에 핵무기의 파괴력을 세계에 각인시켰다. (출처: Public Domain, Wikimedia Commons)

임계질량은 핵분열 반응이 지속적으로 일어나도록 물질의 밀도와 배열을 조정해 설정된 상태를 의미한다. 마치 밀집된 잔디에 불을 붙이는 것이 훨씬 빠르게 확산되는 것처럼, 핵분열도 충분한 물질이 밀집되어 있을 때 비로소 효율적으로 연쇄 반응을 일으킬 수 있다. 핵분열에서 중성자는 핵반응을 촉발하고 유지하는 중요한 역할을 한다. 핵분열 과정에서 방출되는 중성자는 또 다른 우라늄-235 원자핵에 흡수되어 추가적인 핵분열을 일으켜야 폭발이 지속된다. 하지만 우라늄-235가 너무 분산되어 있으면 중성자가 다른 원자핵에 도달하지 못하고 소멸해버리기 때문에 연쇄반응이 발생하지 않는다.

이를 비유하자면, 아무리 예리한 칼이라도 자를 대상이 드문드문 흩어져 있으면 제대로 자를 수 없는 것과 같다. 중성자가 방출되었을 때, 바로 옆에 우라늄 원자핵이 있어야만 핵분열이 발생할 수 있다. 이는 90% 이상 농축된 우라늄이 존재하는 것과는 다른 문제다. 90% 이상 농축된 우라늄이라 할지라도, 원자핵들이 충분히 가까이 밀집하지 않으면 핵분열이 시작되지 않는다. 핵분열을 유도하려면 우라늄의 밀도를 인위적으로 높여야 하며, 이러한 과정이 바로 임계질량에 도달하는 과정이다.

리틀보이의 핵심 기술은 임계질량에 도달하기 위한 '건(gun) 타입' 설계로, 두 개의 우라늄-235 덩어리를 고속으로 충돌시켜 연쇄 핵분열 반응을 유도하는 방식이다. 구체적으로, 하나는 작은 크기의 우라늄 덩어리로 '발사체' 역할을 하고, 다른 하나는 더 큰 덩어리로 '표적' 역할을 한다. 두 덩어리가 물리적으로 분리된 상태에서는 임계질량에 미치지 않기 때문에 안정적이다. 하지만 폭약이 점화되

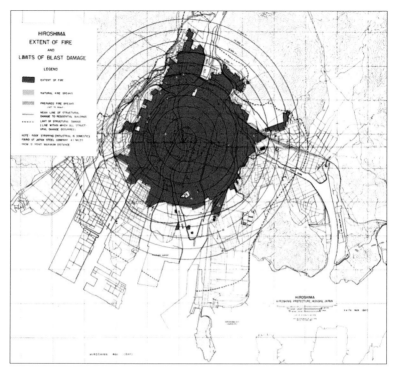

히로시마 핵폭발 피해 지도이다. 빨간색으로 표시된 지역은 핵폭탄 폭발로 인한 화재 피해 범위를 나타내며, 중심부에서 약 1.6㎞(1마일) 반경에 걸쳐 있다. 이 지역은 폭발로 인해 화재와 충격파에 의해 심각한 피해를 입었으며, 건물과 생태계가 완전히 파괴되었다. 이 지도는 핵폭탄이 초래한 파괴력과 영향을 시각적으로 보여준다. (출처: Public Domain, Wikimedia Commons)

면 발사체가 총알처럼 빠른 속도로 이동해 표적에 충돌하고, 이로 인해 임계질량이 달성되면서 연쇄적인 핵분열 반응이 시작된다.

리틀보이는 1945년 8월 6일, 일본 히로시마에 투하되어 도시 상공에서 터졌다. 리틀보이의 위력은 약 15kt의 TNT가 한시에 폭발하는 것과 동일하였다. 히로시마는 폭발로 인해 즉각적인 파괴를 겪었으며, 수만 명의 사람이 폭발과 함께 사망하거나 심각한 부상을 입었다. 이후에도 방사선 노출로 인한 장기적인 피해가 이어졌으며, 수십만 명의 인구가 방사선 피폭으로 인한 질병으로 고통받았다. 이러한 참혹한 피해는 전 세계에 핵전쟁의 위험성을 경고하며, 이후 핵무기의 억제와 관리에 대한 국제적인 논의를 촉발했다.

그러나 리틀보이와 같은 건 타입 방식에는 여러 단점이 존재했다. 가장 큰 문제는 우라늄-235의 비효율적인 사용이다. 핵분열은 주로 우라늄 덩어리의 충돌 지점에서만 발생하기 때문에, 전체 물질의 극히 일부만 반응에 참여한다. 실제로 리틀보이에 사용된 우라늄-235 중 약 1%만이 핵분열에 참여했으며, 나머지는 반응하지 못한 채 그대로 남았다. 이는 핵물질인 우라늄-235의 희소성과 높은 가치를 고려할 때 비효율적인 방식이었다. 또한, 건 타입 설계는 구조적으로도 비효율적이었다. 두 개의 우라늄 덩어리를 충분히 빠른 속도로 충돌시키기 위해 긴 배럴 구조가 필요했는데, 이는 폭탄의 크기를 크게 만들었다. 이로 인해 휴대성과 기동성이 제한되었고, 핵폭탄의 실용성을 저하시켰다. 더불어 충돌 방식 자체가 폭발력을 극대화하는 데 한계가 있어, 핵분열 반응이 제한적인 범위에서만 일어났다.

결국, 이러한 비효율성과 구조적 한계 때문에 리틀보이는 더 높은 효율과 성능을 요구하는 현대 핵무기의 기준을 충족하지 못했다. 오늘날의 핵무기들은 폭발력을 극대화하고 물질의 활용도를 높이는 정교한 설계를 채택하고 있으며, 리틀보이와 같은 구형 방식은 이제 역사 속으로 사라졌다.

팻맨

　리틀보이의 문제를 해결하기 위해 과학자들은 완전히 새로운 설계를 도입했다. 그 결과가 바로 팻맨(Fat Man)이었다. 팻맨은 리틀보이와는 다른 접근 방식을 채택했다. 가장 내부에는 구형의 고농축 플루토늄-239 핵물질이 위치하고, 이를 고폭 화약이 구 형태로 둘러싸고 있는 구조였다. 이 고폭 화약의 역할은 핵물질을 대칭적으로 압축하여 임계질량에 도달하게 하는 것이었다. 이러한 방식을 통해 팻맨은 우라늄 대신 플루토늄-239를 핵물질로 사용하고, 폭발렌즈(explosive lens)라는 혁신적인 기술을 통해 핵물질을 압축하는

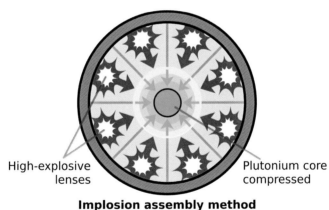

High-explosive　　　　　　　　　　　　　Plutonium core
lenses　　　　　　　　　　　　　　　　　compressed

Implosion assembly method

팻맨 핵폭탄의 작동 원리를 보여주는 그림이다. 팻맨은 플루토늄-239를 핵분열시키기 위해 고폭 렌즈(high-explosive lenses)를 사용하여 플루토늄 코어를 균일하게 압축한다. 이 압축 과정은 임계 질량을 형성해 핵분열 연쇄반응을 유도하며, 폭발적인 에너지를 방출한다. 이 방식은 효율적이고 강력한 폭발력을 제공하는 핵무기 설계의 핵심 기술 중 하나였다. (출처: Public Domain, Wikimedia Commons)

방식이었다. 이 기술을 도입함으로써 리틀보이의 비효율적인 설계보다 훨씬 적은 물질로도 더 큰 폭발력을 만들어낼 수 있었다.

폭발로 물체를 압축하는 방법을 처음 들어보면 굉장히 쉽고 간단해 보일 수 있다. 하지만 실제로는 복잡하고 어려운 기술이다. 만약 폭발에 의한 압축이 비대칭적으로 일어난다면, 플루토늄 구체의 한쪽이 먼저 터져 나가고 나머지는 제대로 압축되지 못해 충분한 핵분열 반응을 일으키지 못하게 된다. 이러한 비대칭 문제를 해결하기 위해 노이만(John von Neumann, 1903~1957)이 제시한 것이 바로 폭발렌즈 기술이다. 폭발렌즈는 단순히 폭발물을 구체의 표면에 배치해 동시에 터뜨리는 것이 아니라, 폭발 속도를 정밀하게 제어하는 기술이다. 이 기술은 고속폭약과 저속폭약을 혼합해 사용하는데, 고속폭약은 빠르게 폭발해 충격파를 전달하고, 저속폭약은 상대적으로 느리게 폭발한다. 이렇게 두 종류의 폭약을 조합함으로써 충격파가 모든 방향에서 동시에 플루토늄 구체를 압축할 수 있게 된다. 다시 말해, 마치 광학 렌즈가 빛을 한곳에 모으는 것처럼, 폭발렌즈는 폭발 파동을 한곳에 집중시켜 플루토늄을 대칭적으로 압축하는 역할을 한다.

폭발렌즈를 실제로 구현하기 위해서는 과학적이고 기술적인 도전이 필요했다. 폭발의 속도를 정밀하게 조절하려면 폭약의 배치, 폭발물 사이의 거리, 그리고 충격파의 속도 차이를 미세하게 조정해야 했다. 이 과정은 고도의 계산과 정밀한 설계가 필요했으며, 이를 구현하기 위해 과학자들뿐만 아니라 공학자들과 기술자들의 협업이 필수적이었다. 특히, 노이만과 같은 뛰어난 과학자들의 이론적 기여와 이를 현실화한 기술적 노력이 결합하면서 폭발렌즈를

살육의 과학

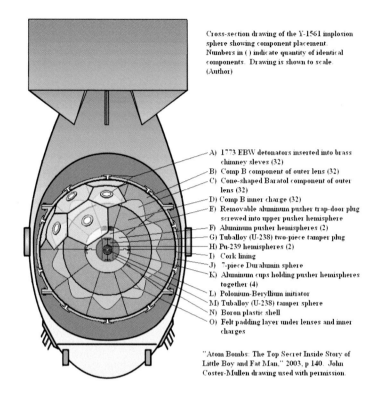

Cross-section drawing of the Y-1561 implosion
sphere showing component placement.
Numbers in ( ) indicate quantity of identical
components. Drawing is shown to scale.
(Author)

A) 1773 EBW detonators inserted into brass
   chimney sleves (32)
B) Comp B component of outer lens (32)
C) Cone-shaped Baratol component of outer
   lens (32)
D) Comp B inner charge (32)
E) Removable aluminum pusher trap-door plug
   screwed into upper pusher hemisphere
F) Aluminum pusher hemispheres (2)
G) Tuballoy (U-238) two-piece tamper plug
H) Pu-239 hemispheres (2)
I) Cork lining
J) 7-piece Duralumin sphere
K) Aluminum cups holding pusher hemispheres
   together (4)
L) Polonium-Beryllium initiator
M) Tuballoy (U-238) tamper sphere
N) Boron plastic shell
O) Felt padding layer under lenses and inner
   charges

"Atom Bombs: The Top Secret Inside Story of
Little Boy and Fat Man." 2003, p 140. John
Coster-Mullen drawing used with permission.

팻맨의 내부 구조를 단면도로 나타낸 그림이다. 내부 구성 요소에는 고폭 렌즈, 플루토늄 코어, 반사재, 그리고 전기 폭발 뇌관(EBW) 등이 포함된다. (출처: Dake, CC BY-SA 3.0)

개발할 수 있게 되었다.

 팻맨의 또 다른 혁신은 핵물질로 플루토늄을 사용했다는 점이다. 플루토늄-239는 우라늄-235에 비해 더 적은 양으로도 더 강력한 폭발을 일으킬 수 있다. 이는 플루토늄이 핵분열 과정에서 방출하는 중성자의 수가 더 많고, 그로 인해 연쇄반응이 더 빠르게 일어나기 때문이다. 리틀보이는 고농축 우라늄 약 64kg이 필요했던 반면,

팻맨의 실제 모습이다. 구형 디자인과 안정적인 낙하를 위한 꼬리 날개가 특징이며, 플루토늄을 사용한 핵분열 폭탄으로 1945년 일본 나가사키에 투하되어 엄청난 파괴력을 발휘했다. (출처: Public Domain, Wikimedia Commons)

팻맨은 단 6kg의 플루토늄만으로도 폭발력을 얻을 수 있었다. 이 차이점 덕분에 팻맨은 리틀보이에 비해 물질 사용량이 훨씬 적으면서도 더 강력한 무기가 되었다.

플루토늄을 사용한 이유는 단지 폭발력만이 아니라, 그 물질의 특성 때문이다. 플루토늄은 자체적으로 불안정한 성질을 가지고 있어 단순히 우라늄처럼 충돌시키는 방식으로는 임계 질량을 만들기 어렵다. 그래서 정밀한 압축이 필수적이며, 이때 폭발렌즈가 필요한 것이다. 다시 말해, 폭발렌즈가 없다면 플루토늄을 안정적으로 임계질량에 도달시키기 어렵다. 그렇다면, 우라늄에 폭발렌즈 기술을 적용하면 더 큰 폭발을 일으킬 수 있을까? 이론적으로는 가능하다. 우라늄도 폭발렌즈로 더 압축하면 임계질량에 더 효율적으로 도달할 수 있다. 그러나 실용적인 관점에서는 플루토늄이 우

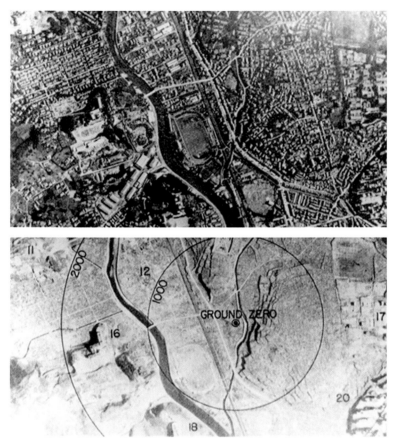

팻맨 투하 전후 일본 나가사키를 항공 촬영한 사진이다. 투하 전에는 도시가 선명히 보이지만, 폭발 후 대부분의 건물이 파괴되고 잿더미로 변한 모습이 확인된다. 이는 핵폭탄의 엄청난 파괴력을 보여주는 역사적 기록이다. (출처: Public Domain, Wikimedia Commons)

라늄보다 더 적은 양으로도 연쇄반응을 일으키기 쉬우므로, 폭발 렌즈는 플루토늄과의 궁합이 더 뛰어나다고 할 수 있다.

팻맨이 실전에서 사용된 것은 1945년 8월 9일, 나가사키에 투하되었을 때였다. 이 폭탄은 당시까지 개발된 가장 강력한 무기 중 하나로, 21kt의 TNT 폭발력과 맞먹는 위력을 지니고 있었다. 그 전날 리틀보이가 히로시마에 투하되었을 때 15kt의 폭발력을 기록했던 것과 비교하면, 팻맨은 더 적은 양의 물질로 더 강력한 폭발을 일으킨 셈이다. 나가사키는 히로시마와 달리 산지로 둘러싸여 있어 폭발의 에너지가 지형적으로 제한되었음에도, 그 파괴력은 여전히 엄청났다. 약 40,000명이 즉시 사망했고, 이후 방사능 낙진으로 인해 더 많은 사람이 고통받았다.

팻맨은 단지 기술적으로 우수한 무기일 뿐만 아니라, 전쟁의 양상에 큰 변화를 불러 일으킨 무기였다. 리틀보이가 처음으로 핵무기의 실전 사용을 가능하게 했다면, 팻맨은 핵무기의 효율성과 파괴력을 극대화한 사례로 남았다. 팻맨은 단순히 리틀보이의 개선된 버전이 아니라, 핵무기 개발의 새로운 기준이 되었다. 그러나 이러한 발전은 그만큼 더 심한 파괴와 인류의 비극을 초래했다. 팻맨의 폭발로 인해 나가사키는 폐허가 되었고, 수많은 생명이 희생되었다. 기술적 성취와 그로 인한 인류의 고통은 팻맨을 통해 극명하게 드러났으며, 이는 핵무기의 두 얼굴을 상징적으로 보여준다.

아이비 마이크

핵무기의 역사는 리틀보이에서 시작하여, 팻맨을 거쳐 결국 아이비 마이크(Ivy Mike)로 이어진다. 이 과정은 단순한 무기 발전이 아닌, 에너지를 최대한 효율적으로 방출하려는 인간의 끊임없는 기술적 도전과 관계가 깊다. 리틀보이와 팻맨이 핵분열을 이용한 최

아이비 마이크 폭발로 생성된 거대한 버섯구름의 모습이다. 아이비 마이크는 리틀보이보다 약 700배, 팻맨보다 약 500배 강한 폭발력을 지닌 최초의 수소폭탄으로, 핵융합 반응을 통해 엄청난 에너지를 방출했다. (출처: Public Domain, Wikimedia Commons)

초의 무기라면, 아이비 마이크는 핵융합을 활용해 폭발력을 극대화한 최초의 핵폭탄이다. 각각의 무기들이 사용한 에너지원은 다르지만, 그 핵심은 에너지의 방출 방식과 그로 인한 파괴력 증대에 있다.

핵분열이 가진 한계를 극복하고 더욱 강력한 에너지를 방출하려는 연구가 진행되면서, 과학자들은 태양의 에너지원인 '핵융합'에 주목하게 되었다. 핵융합은 두 개의 가벼운 원자핵이 결합하여 무거운 원자핵을 형성할 때 발생하는 반응으로, 이 과정에서 핵분열보다 훨씬 많은 에너지를 방출한다. 이는 두 원자핵이 결합하면서 발생하는 질량 손실이 에너지로 전환되기 때문이다.

그렇다면 왜 핵융합이 핵분열보다 더 많은 에너지를 방출하는 것일까? 핵분열은 큰 원자핵을 쪼개면서 작은 원자핵 두 개로 나뉘는 과정에서 질량 일부가 에너지로 전환된다. 반면, 핵융합은 두 개의 가벼운 원자핵이 결합하여 무거운 원자핵을 형성하면서 더 큰 질량 손실이 발생한다. 이 질량 손실은 아인슈타인의 방정식 $E=mc^2$에 따라 막대한 에너지로 전환된다. 핵융합 반응에서는 결합 과정에서 손실되는 질량이 핵분열보다 훨씬 크기 때문에 방출되는 에너지 또한 훨씬 많다. 예를 들어, 수소 원자핵이 결합하여 헬륨 원자핵을 형성할 때, 생성된 헬륨의 질량은 반응 전 두 수소 원자핵의 질량을 합한 것보다 작다. 이 질량 차이가 바로 에너지로 전환되어 방출되는 것이다. 따라서 이론적으로 핵융합은 적은 양의 물질로도 핵분열 폭탄보다 훨씬 강력한 폭발력을 낼 수 있다. 이는 핵융합이 핵분열을 기반으로 한 기존 핵무기보다 훨씬 더 효율적이고 강력한 에너지 방출 원리임을 의미한다.

아이비 마이크는 이러한 핵융합 원리를 실제로 구현해 낸 최초의 수소폭탄이었다. 1952년 11월 1일, 미국은 태평양의 마셜(Marshall) 군도의 에네웨타크(Enewetak) 환초에서 아이비 마이크 실험을 통해 수소폭탄의 가능성을 입증했다. 아이비 마이크는 약 10.4Mt의 폭발력을 기록하며, 이는 TNT 약 10,400,000t에 해당하는 위력이었다. 비교하자면, 리틀보이의 폭발력은 약 15kt(TNT 약 15,000t), 팻맨은 약 21kt(TNT 약 21,000t)이었으므로, 아이비 마이크는 리틀보이의 약 700배, 팻맨의 약 500배에 달하는 폭발력을 지녔다. 폭발 지점인 엘루겔라브(Elugelab)섬에는 폭 1.9㎞, 깊이 50m의 거대한 분화구가 형성되었다. 이처럼 아이비 마이크가 강력한 위력을 발휘할 수 있었던 이유는 핵융합 반응이 기존 핵분열 반응과 비교해 폭발 에너지 효율을 극대화했기 때문이다.

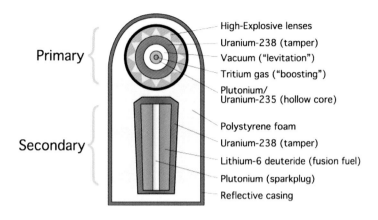

Primary { High-Explosive lenses
Uranium-238 (tamper)
Vacuum ("levitation")
Tritium gas ("boosting")
Plutonium/
Uranium-235 (hollow core)

Secondary { Polystyrene foam
Uranium-238 (tamper)
Lithium-6 deuteride (fusion fuel)
Plutonium (sparkplug)
Reflective casing

수소 폭탄의 내부 구조이다. 'Primary'는 핵분열 1차 단계로, 플루토늄 코어와 고폭장치가 포함되어 초기 폭발을 유도한다. 'Secondary'는 핵융합 2차 단계로, 플루토늄 기폭제를 활용해 핵융합 반응을 일으키며 막대한 에너지를 방출한다. (출처: Public Domain, Wikimedia Commons)

아이비 마이크의 구조는 복잡한 다단계 반응을 통해 핵융합을 유도하는 방식으로 설계되었다. 폭탄의 첫 번째 단계는 리틀보이와 팻맨 같은 핵분열 폭탄을 사용하여 초고온과 고압을 만들어내는 것이다. 이 초기 핵분열 폭발로 인해 생성된 극한의 열과 압력은 핵융합 연료가 반응을 일으키기에 충분한 조건을 제공한다. 수소폭탄에 사용된 핵융합 연료는 주로 수소의 동위원소인 중수소(Deuterium)와 삼중수소(Tritium)로, 이들 동위원소가 결합하여 헬륨 원자핵을 형성하며 막대한 양의 에너지를 방출하게 된다. 이 과정에서 발생한 고에너지 중성자는 주변에 배치된 우라늄-238과 같은 핵분열 물질과 상호작용해 추가적인 핵분열을 유도하며, 폭발력을 더욱 증대시킨다.

아이비 마이크에서는 삼중수소가 아닌 저온 액체 상태의 중수소(듀테륨, Deuterium)를 핵융합 연료로 사용했다. 삼중수소 대신 중수소를 사용한 이유는 삼중수소의 불안정성과 생산의 어려움 때문이다. 중수소는 상대적으로 안정적이며, 대량으로 확보하는 것이 더용이했기 때문에 선택된 것이다. 중수소는 극저온으로 냉각되어액체 상태로 저장되었으며, 핵분열 폭발로 인한 초고온과 고압 환경에서 융합 반응이 유도되었다. 이 방식은 핵융합 반응을 일으키는 데 필요한 연료를 안정적으로 유지하면서도, 실험 당시 가능한최대의 폭발력을 끌어내기 위해 고안된 것이다.

아이비 마이크의 성공은 기존의 핵무기가 가진 에너지 방출 한계를 뛰어넘는 기술적 성취였다. 핵융합을 통해 전례 없는 폭발력을만들어내는 수소폭탄이 실질적으로 개발 가능함을 입증한 이 실험은 이후 핵무기 개발 경쟁을 더욱 가속화했다. 아이비 마이크의 강력한 폭발력은 주변 환경에 심각한 방사능 오염을 남겼으며, 이는핵융합 무기의 파괴력뿐만 아니라 그로 인한 환경적 피해를 인식하게 하는 계기가 되었다. 과학자들은 이를 계기로 핵융합 에너지를 군사 목적뿐만 아니라 평화적 용도로도 연구할 필요성을 인식하게 되었으며, 오늘날에는 이러한 핵융합 반응을 활용한 청정 에너지원 개발이 활발히 진행되고 있다. 태양의 에너지원이 되는 핵융합은 지구에서 방사성 폐기물 없이 대량의 에너지를 생산할 가능성을 열어주었으며, 이 과정에서 아이비 마이크가 제공한 연구자료가 중요한 기초 자료로 활용되었다.

아이비 마이크 이후 수소폭탄 개발은 더욱 강력한 무기를 목표로한 경쟁적인 연구개발로 이어졌다. 특히, 미국과 소련을 비롯한 주

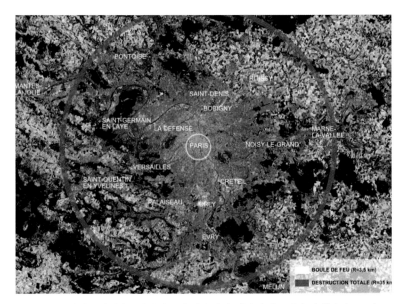

차르 봄바가 파리 중심에서 폭발하였을 때 예상 피해. 빨간색 원 = 완전 파괴(반경 35km), 노란색 원 = 화염구(반경 3.5km). (출처: Bourrichon, CC BY-SA 3.0)

요 강대국들이 이러한 연구개발에 적극적으로 참여하며, 기술적 우위를 확보하기 위해 경쟁하였다. 특히, 소련은 이러한 경쟁에서 차르 봄바(Tsar Bomba)를 개발하며 수소폭탄 기술의 정점에 도달했다. 차르 봄바는 1961년 10월 30일, 북극권의 노바야 젬랴(Novaya Zemlya) 섬 상공에서 실험되었고, 폭발력은 약 50Mt(=TNT 약 50,000,000t)에 달했다. 이는 아이비 마이크의 다섯 배에 해당하는 폭발력으로, 당시 전 세계에서 가장 강력한 무기로 기록되었다. 차르 봄바는 아이비 마이크의 다단계 핵융합 원리를 계승했지만, 더욱 효율적인 구조로 설계되었으며 폭발로 인해 발생한 충격파는 수천 킬로미터 떨어진 곳에서도 감지되었다. 차르 봄바의 폭발로 인해 형성된 버섯구름은 고도 약 64㎞까지 상승하며 지구를 뒤흔들었다. 이 폭탄은 실험 직후 엄청난 방사성 낙진과 충격을 남겨 그 위험성 때문에 단 한 번의 실험 이후 다시 생산되지 않았다.

기후 변화는 이제 인류가 직면한 가장 시급한 과제 중 하나로 자리 잡았다. 특히 이산화탄소와 같은 온실가스 배출이 지구 온난화의 주범으로 지목되면서, 이를 줄이기 위한 노력이 전 세계적으로 이어지고 있다. 각국은 화석 연료 사용을 줄이고, 지속 가능한 에너지원으로의 전환을 모색하고 있다. 이러한 움직임 속에서 주목받는 에너지원 중 하나가 바로 수소이다.

수소가 주목받는 이유는 단순히 환경적인 장점 때문만은 아니다. 우리가 수소에 주목해야 할 진정한 이유는 에너지 캐리어(energy carrier)로서의 잠재력에 있다. 일상생활에서 우리가 사용하는 에너지 대부분은 생산되는 장소와 소비되는 장소가 다르기 때문에, 이를 저장한 뒤 필요한 곳으로 이동시켜야 한다. 또한, 이동된 에너지는 각자의 필요에 따라 다양한 형태로 변환되어 사용될 수 있어야 한다. 이 과정에서 에너지 캐리어는 핵심적인 역할을 한다. 현재 사회에서 대표적인 에너지 캐리어는 석유이다. 석유는 유조선이나 탱크로리를 이용해 쉽게 운반할 수 있으며, 운반 후에는 열에너지나 기계적 에너지로 변환된다. 하지만 석유는 에너지 변환 과정에서 다량의 이산화탄소를 배출한다는 큰 단점을 가지고 있다. 그렇다면 미래 사회를 이끌어갈 에너지 캐리어는 무엇일까? 미래의 에너지 캐리어를 선택하려면 물질이 풍부하게 존재하고, 친환경적이며, 경제적이어야 한다. 이러한 조건을 모두 충족하는 물질은 수소가 유일하다.

수소와 석유는 모두 높은 에너지 밀도를 지녀 대량의 에너지를 저장하고 운반할 수 있다. 두 에너지원은 차량, 항공기, 선박 등 대형 기계의 동력원으로도 활용 가능하며, 연소를 통해 에너지를 방출하여 동력을 생산한다. 그러나 석유는 연소 과정에서 이산화탄소를 배출해 환경에 부정적인 영향을 끼치며, 특정 지역에 편중된 매장량으로 인해 에너지 안보에도 취약하다. 반면, 수소는 연소나 전기화학 반응 과정에서 오직 물만 생성하므로 환경에 긍정적인 영향을 미치며, 다양한 자원에서 생산할 수 있어 공급 안정성이 높다.

그럼에도 불구하고, 수소는 국방 분야에서 아직 널리 사용되기 어려운 측면이 있다. 군사적 상황에서는 무엇보다 효율성과 신속성이 중요하기 때문에, 친환경성은 우선순위에서 밀릴 수밖에 없다. 현재로서는 취급이 간편하고 높은 출력을 제공하는 석유가 군용 연료로 더 적합하다. 하지만 사회 전반이 수소 기반 에너지로 전환된다면 군사 분야도 변화할 가능성이 크다. 모든 자동차가 수소로 움직이고, 전기가 수소에서 생산되는 시대가 온다면 군 역시 수소를 채택하지 않을 수 없을 것이다.

이 책은 수소라는 에너지원의 군사적 활용 가능성과 한계를 탐구하고, 수소가 국방 분야에서 갖는 의미를 찾고자 한다. 민간의 관점에 치우친 기존 논의에서 벗어나, 수소가 군사적 관점에서 어떤 역할을 할 수 있을지 함께 고민해 보자.

수소 출생의 비밀: 수소 생산

수소는 석유와 달리 자연 상태에서는 거의 존재하지 않는다. 따라서 수소 원소를 포함하고 있는 다른 물질에서 추출하여 생산해야 한다. 일반적으로 수소는 세 가지 주요 방법으로 생산할 수 있다. 첫 번째는 부생수소(by-product hydrogen)이다. 부생수소는 석유화학 공정이나 철강 생산 과정에서 부수적으로 생성되는 것으로, 주로 나프타(Naphtha)를 전환하는 정유 공정에서 발생한다. 두 번째는 연료개질(fuel reforming) 방식이다. 천연가스와 같은 탄화수소계 연료를 수증기(또는 수증기와 산소)와 촉매 반응시켜 수소를 생산하는 방식이다. 세 번째는 전기분해 방식이다. 핵력, 화력, 태양광, 풍력 등으로 생산한 전기를 사용해 물을 전기분해하여 수소를 얻는 방법이다. 결국, 첫 번째와 두 번째 방식은 석유에서 수소를 추출하는 것이고, 세 번째 방식은 물에서 수소를 추출하는 것이다.

부생수소와 연료개질 방식은 석유를 기반으로 하기 때문에 수소 생산 과정에서 이산화탄소를 배출한다. 수소를 생산하는 과정에서 이산화탄소를 배출하지 않으려면 물 분해 방식을 이용할 수밖에 없다. 하지만 물 분해를 하려면 전기가 필요하고, 전기를 생산하는 과정에서 석탄, 석유, 천연가스를 이용하면 이산화탄소가 발생할 수밖에 없다. 이러한 이유로 최근에는 태양광이나 풍력 같은 신재생 에너지를 이용한 전기분해 방식으로 수소를 생산하려는 노력이 계속되고 있다. 특히 태양광과 풍력은 간헐적으로 전력을 생산하기 때문에, 이를 수소 형태로 변환하여 저장하면 에너지 관리 측면에서도 유리해진다.

그러나 신재생 에너지를 활용한 물의 전기분해 방식은 에너지 효율 측면에서 다소 불리하다. 태양광이나 풍력으로 생산된 전기를 이용해 물을 분해하여 수소를 생성하고, 이를 다시 연료전지를 통해 전기로 변환하는 과정은 복잡할 뿐만 아니라 에너지 손실도 크다. 이에 비해, 생산된 전기를 배터리에 직접 저장한 뒤 필요할 때 사용하는 방식은 훨씬 효율적이다. 배터리는 충전과 방전 과정에서 에너지 손실이 극히 적으며, 저장된 전기를 비교적 오랜 시간 동안 안정적으로 보관할 수 있다. 그러나 배터리는 가솔린, 디젤, 수소와 같은 연료 형태가 아니기 때문에 대량의 에너지를 저장하는 데 한계가 있다.

연료는 동일한 종류의 물질로 이루어져 있어, 단순히 물질의 저장량을 늘리기만 하면 더 많은 에너지를 저장할 수 있다. 반면, 배터리는 양극, 음극, 전해질, 분리막 등 서로 다른 물질로 구성되어 있다. 배터리의 에너지 저장 용량을 늘리려면 이러한 모든 구성 요소를 함께 증가시켜야 한다. 이로 인해 배터리의 저장 용량이 늘어날수록 설치 비용, 부피, 무게 또한 비례하여 증가한다. 이러한 한계는 태양광이나 풍력으로 생산된 전기를 모두 배터리에 저장하기 어렵게 만드는 주요 요인 중 하나다. 이 기술적 제약을 극복하기 위해 효율이 다소 낮더라도 신재생 에너지로 생산된 전력을 수소로 전환하는 방안이 연구되고 있으며, 수소는 대규모 에너

삶육의 과학

지 저장과 운송에서 배터리의 한계를 보완할 수 있는 대안으로 주목받고 있다.

가벼운 원소, 무거운 과제: 수소 저장

수소는 석유에 비해 저장과 보관이 까다로운 물질이다. 상온에서 기체 상태로 존재하기 때문에, 일반적으로 고압 탱크를 사용해 저장한다. 그러나 고압 탱크를 이용하더라도 수소의 에너지 저장 밀도는 낮은 편이다. 예를 들어, 동일한 부피의 탱크에 가솔린과 350bar로 압축한 수소를 각각 저장했을 때, 가솔린의 에너지 밀도가 훨씬 높다. 즉, 같은 부피라면 가솔린이 더 많은 에너지를 저장할 수 있다는 뜻이다.

이 문제를 해결하기 위해 공학자들은 수소의 저장 압력을 지속적으로 높이고 있다. 비록 수소를 압축하는 과정에서 더 많은 에너지가 소모되더라도, 수소의 대중화를 위해 이는 불가피한 선택이다. 현재 700bar까지 압축하여 저장하는 기술이 개발되었으며, 이는 일반 산업용 고압 탱크(약 180~200bar) 압력의 약 3.5배에 달한다. 그러나 이러한 높은 압력으로 압축하더라도 수소의 에너지 밀도는 여전히 석유에 미치지 못한다.

수소 저장이 어려운 또 다른 이유는 그 원자적 특성 때문이다. 수소는 원소 번호 1번으로, 가장 작은 크기를 가진 원소다. 이 때문에 고압 탱크에 장시간 저장하면 금속의 미세한 틈 사이로 침투하거나 외부로 누출될 가능성이 크다. 이를 방지하기 위해 밀도가 높은

MH powder

MH tank

수소 저장합금(MH) 분말과 탱크. 수소 저장합금은 금속이 수소를 흡수해 금속 수소화물을 형성하며 수소를 저장하는 물질이다. 온도와 압력을 조절해 수소를 흡수하거나 방출할 수 있는 가역적 특성을 지닌다. 안정적이고 고밀도로 수소를 저장할 수 있어 연료전지, 에너지 저장 장치 등에서 활용되며, 수소 에너지 기술의 핵심 소재로 주목받고 있다. (출처: Public Domain, Wikimedia Commons)

금속이나 복합 재료로 제작된 탱크와 특수 코팅 기술이 사용된다. 이처럼 수소를 고압으로 저장하는 기술은 다른 기체보다 기술적 난이도가 높고 에너지 소모가 크지만, 여전히 다른 저장 방식에 비해 경제적이고 실용적인 대안으로 평가받아 현재 가장 널리 활용되고 있다.

고압 탱크를 사용하지 않고 수소를 저장하는 방법 중 하나로 수소 저장합금(MH, metal hydride)이 있다. 이 방식은 금속 격자 사이에 수소를 저장한 뒤 필요할 때 방출하는 원리로 작동한다. 수소는 금속 합금에 흡수되어 금속 수소화물 형태로 저장되며, 압력이나 열을 가하면 다시 방출된다. 이 방식은 고압 탱크보다 낮은 압력으로도 수소를 충전할 수 있어 설계가 단순하고, 수소 취급 시 안전성이

살육의 과학

높다는 장점이 있다. 또한, 부피당 수소 저장 밀도가 높아 제한된 공간에서 유리하다. 그러나 이 방식에는 단점도 있다. 저장합금 자체가 무겁고, 충전 시간이 길며, 열 관리를 필요로 한다. 이러한 단점으로 인해 연료전지 자동차와 같은 대중적인 응용 분야에는 수소 저장합금 방식이 적용되지 않는다. 다만 공간이 제한된 특수 환경에서는 수소 저장합금이 적합한 선택지가 될 수 있다. 예를 들어, 잠수함처럼 부피당 저장 밀도가 중요한 환경에서는 수소 저장합금이 실제로 널리 사용되고 있다.

최근에는 부피당과 무게당 수소 저장 밀도를 동시에 높이기 위한 방안으로 액체수소 기술이 연구되고 있다. 액체수소는 수소를 극저온으로 냉각해 액화한 후 저압 상태로 탱크에 저장하는 방식이다. 그러나 액체수소 기술은 기존의 두 가지 수소 저장 방식보다 기술적 난이도가 훨씬 높다. 상온에서는 수소가 아무리 압력을 가해도 액체로 변하지 않기 때문에, 기체를 액체로 상변화시키려면 임계 온도(critical temperature) 이하로 온도를 낮춰야 한다. 수소의 임계 온도는 약 -240℃로 낮다. 일반적으로 수소를 액화하려면 압력을 높이고, 열교환기를 사용해 -253℃까지 온도를 낮추는 방법이 활용된다. 이러한 과정은 많은 에너지를 소모하며, 액체수소를 장시간 보관할 경우 일부가 기화되어 탱크의 압력이 증가하는 단점이 있다. 이를 보완하기 위해 탱크에 압력 방출 밸브를 설치하거나 극저온 상태를 유지하는 단열 기술을 적용해 압력 상승을 제어하고, 기화된 수소의 손실을 최소화하는 방법이 사용된다.

또한, 최근에는 수소의 저장과 운송을 더욱 용이하게 하기 위해 신재생 에너지로 생산된 수소를 암모니아로 변환하는 기술도 연구되고 있다. 암모니아는 하버-보슈법(Haber-Bosch process)을 통해 수소와 대기 중의 질소를 고온, 고압 상태에서 반응시켜 생산된다. 이 과정에서는 직접적인 이산화탄소 배출이 없지만, 암모니아 생산에 사용되는 에너지가 주로 화석 연료에서 얻어지기 때문에 간접적으로 이산화탄소가 발생한다. 따라서 암모니아를 이용한 수소 저장 기술은 이산화탄소 배출 문제를 완전히 해결하지는 못한다.

현재 다양한 수소 저장 방법이 연구되고 있지만, 여전히 기술적 한계로 인해 가솔린이나 디젤에 비해 저장 밀도가 낮고 운용상의 문제도 많다. 특히 연료의 취급성, 보관성, 안전성 측면에서 수소는 기존 화석연료를 완전히 대체하기에 부족하다. 현대 군사 작전에서 에너지는 생명과 직결되며, 이를 바탕으로 전투가 이루어진다. 하지만 수소 저장 기술이 아직 성숙하지 않아, 수소를 병참 연료로 채택해 가솔린과 디젤을 대체하기는 당분간 어려울 것으로 보인다.

연소 반응과 전기화학 반응: 수소 사용

가솔린이나 디젤처럼, 수소가 에너지를 방출하거나 변환하기 위해서는 산화제인 산소가 필요하다. 수소가 산소와 반응하여 에너지를 방출하거나 변환하는 방법은 크게 두 가지로 나눌 수 있다. 하나는 연소를 통해 열에너지를 방출하는 방식이고, 다른 하나는 전기화학 반응을 통해 전기에너지를 생성하는 방식이다.

수소 엔진

　연소 방식을 먼저 살펴보자. 이 방식은 기존 내연기관의 원리를 따르지만, 연료로 수소를 사용한다는 점에서 차별화된다. 그렇다면 기존의 가솔린이나 디젤 엔진을 그대로 사용할 수 있을까? 결론부터 말하면, 그렇지 않다. 수소는 다른 연료와 연소 특성이 크게 다르기 때문에, 엔진의 여러 부분을 반드시 수정해야만 성공적으로 작동할 수 있다.

　수소는 상온 및 상압 상태에서 기체로 존재하며, 가솔린과 디젤과는 물리적 상태가 완전히 다르다. 수소와 비교할 수 있는 화석 연료로는 LNG(liquefied natural gas)가 있는데, 이는 기체 연료라는 점에서 수소와 유사하지만, 화학적 성질과 연소 특성에서는 큰 차이가

BMW Hydrogen 7은 12기통 수소 엔진을 탑재한 친환경 차량으로, 수소와 가솔린을 모두 연료로 사용할 수 있는 듀얼 연료 시스템을 갖추고 있다. 수소를 사용하면 이산화탄소 배출이 거의 없으며, 기존 내연기관의 성능을 유지하면서도 환경친화성을 실현한 혁신적인 모델이다. (출처: Claus Ableiter, CC BY-SA 4.0)

있다. 수소의 발화 온도는 약 500°C로 LNG의 발화 온도(약 580°C)
보다 낮으며, 연소 속도는 수소가 훨씬 더 빠르다. 가솔린 엔진과
LNG 엔진이 서로 다르듯이, 수소 엔진도 기존 내연기관과는 상당
히 다르다. 예를 들어, 빠른 연소 특성으로 인해 엔진의 점화 타이
밍과 흡기 시스템을 변경해야 하며, 더 많은 양의 수소를 공급하기
위해 연료 분사 시스템의 용량을 증대시켜야 한다. 또한, 수소는 금
속과 반응해 메짐성을 유발할 수 있으므로, 내구성을 높이기 위해
연료 탱크와 연료 시스템의 재료도 변경해야 한다.

수소 엔진에 대한 연구는 민간 분야에서 오랫동안 활발히 이루어
져 왔다. 독일의 BMW[38]는 수소 엔진 기술 개발에서 선구적인 역
할을 해왔다. 2006년, BMW는 기존 7시리즈를 기반으로 한
'Hydrogen 7' 모델을 선보였다. 이 모델은 기존 내연기관을 개량해
수소 연소에 최적화된 설계를 적용했으며, 배출가스를 줄이면서도
기존 엔진 성능을 유지하는 데 중점을 두었다. 'Hydrogen 7'은 한정
된 수량으로 생산되어 다양한 도로 조건에서 시험 주행을 통해 수
소 기술의 가능성을 입증했다. 최근에는 독일의 전통적인 엔진 제
조업체인 MTU[39]와 MAN[40]도 수소 혼합 연료나 재생 가능한 연료

---

38) Bayerische Motoren Werke의 약자로, 독일의 대표적인 자동차 및 모터사이클 제조업체
이다.
39) Motoren- und Turbinen-Union의 약자로, 독일의 엔진 및 터빈 제조업체이다. 특히 국방 분
야에서 독일 U-보트 잠수함 엔진을 비롯해 우리나라 K2 전차와 K9 자주포의 엔진까지 다
양한 군용 엔진을 개발하고 양산하며 세계적으로 신뢰받는 기술력을 보유하고 있다.
40) Maschinenfabrik Augsburg-Nurnberg의 약자로, 독일의 대표적인 기계 및 엔진 제조업체이
다. 특히 국방 분야에서는 함정용 디젤 엔진과 대형 차량용 엔진을 개발/양산하며, 전 세계
적으로 독일 기계공학의 정수를 보여주는 기업으로 평가받고 있다.

살육의 과학

수소 엔진을 탑재한 팬텀 아이의 2차 비행 모습이다. 중앙에 배치된 구형 액체수소탱크로 인해 기체가 원기둥에 가까운 형태를 띤다. 이 무인 항공기는 수소 연료를 사용해 장시간 비행이 가능하며, 친환경적이고 효율적인 고고도 정찰 플랫폼으로 설계되었다. (출처: Public Domain, Wikimedia Commons)

를 사용하는 내연기관 발전기를 개발하며, 신재생 에너지 수요에 대응하고 있다.

수소 엔진은 특히 군사 및 항공 분야에서 큰 활용 가능성을 가지고 있다. 수소는 세상에서 가장 가벼운 연료로, 항공기 연료로 사용하기에 적합하다. 단위 부피당 에너지 밀도는 낮아 많은 부피를 차지하지만, 단위 무게당 에너지 밀도가 높아 가벼움이 중요한 항공기 추진기관에 적합하다. 수소를 항공기에 효율적으로 활용하려면 압축하거나 액화하는 등의 저장 기술이 필요하며, 이 과정에서 발생하는 복잡성과 높은 비용이 여전히 기술적 과제로 남아있다. 특히, 수소 엔진은 고고도(高高度)에서 24시간 이상 장시간 체공하며 감시와 정찰을 수행하는 무인 항공기에 적합하다는 평가를 받고 있다.

수소 엔진을 장착한 고고도 장기 체공 무인 항공기의 대표적인 사례로는 보잉(Boeing)**41)**이 개발한 '팬텀 아이(Phantom Eye)'가 있다. 팬텀 아이는 고고도에서 장시간 체공할 수 있도록 설계된 무인 항공기로, 수소를 연료로 사용하여 친환경적이고 효율적인 비행이 가능하다. 이 항공기는 한 번의 연료 충전으로 최대 나흘 동안 체공할 수 있으며, 고도 20km 이상에서 임무를 수행할 수 있다. 수소 연료를 사용함으로써 배출가스를 거의 내지 않고, 장기 체공할 수 있어 군사적 감시 및 정찰 임무에 적합한 성능을 제공한다.

연료전지

수소로 에너지를 생산하는 두 번째 방법은 연료전지를 이용해 전기화학 반응으로 전기를 생성하는 것이다. 연료전지는 수소와 산소의 전기화학 반응을 통해 화학에너지를 전기에너지로 직접 변환하는 장치다. 연료전지는 음극, 양극, 전해질, 분리판으로 구성되며, 작동 메커니즘은 다음과 같다. 수소는 음극으로 공급되어 촉매(보통 백금)와 만나 수소 이온(양이온)과 전자로 분리된다. 백금은 수소 분자의 화학 결합을 효과적으로 끊어주는 우수한 촉매로, 전기화학 반응을 촉진하고 반응속도를 높이는 역할을 한다. 수소 이온

---

41) 항공기와 우주, 방위 산업 제품을 설계·제조하는 세계적 기업. 상용 항공기와 군용 항공기 분야에서 선도적 위치를 점하고 있다.

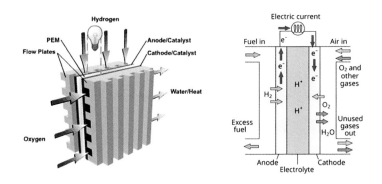

연료전지의 구조와 원리. 연료전지는 수소와 산소의 화학 반응으로 전기와 열을 생성한다. 수소는 양극에서 전자를 방출해 전류를 만들고, 산소와 결합해 물을 생성한다. (출처: Public Domain, Wikimedia Commons)

은 전해질을 통과하지만, 전자는 전해질을 통과하지 못하고 외부 회로를 통해 양극으로 이동한다. 이 과정에서 전자는 외부 회로를 통해 전류를 생성하며, 이후 양극으로 이동한다. 한편, 양극에는 산소가 공급되며, 산소는 전자와 촉매에서 만나 산소 이온(음이온)으로 변환되고, 전해질을 통과한 수소 이온과 결합해 물을 생성한다. 이처럼 연료전지는 전자를 순환시켜 전기를 생산한다.

연료전지는 배터리와 유사하게 음극, 양극, 전해질로 구성되어 있으나, 작동 방식에서 근본적으로 다르다. 배터리는 전기를 저장해 사용하는 장치지만, 연료전지는 외부에서 연료를 공급받아 이를 전기로 변환하는 장치다. 구체적으로 배터리는 충전된 전력을 방출해 사용하지만, 연료전지는 지속적으로 수소와 산소를 공급받아 전기화학 반응을 통해 전력을 생성한다. 이러한 점에서 연료전지는 화학에너지를 기계적 에너지로 변환하는 내연기관과 기능적

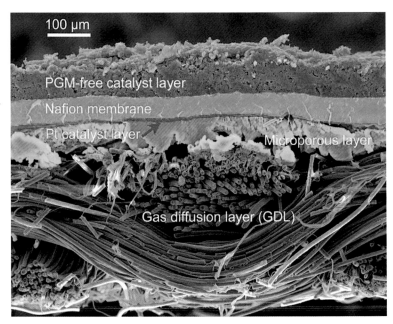

PEMFC 단위전지 단면에 대한 전자주사현미경 사진. 상단에서 하단으로 구조를 보면, 촉매층(주황색), 나피온 멤브레인(청록색), Pt 촉매층(적색), 미세다공층(녹색), 그리고 기체 확산층(GDL)(주황색 섬유)이 있다. 이 구조는 연료전지의 핵심으로, 수소와 산소의 반응을 통해 전기를 생성한다. 각 층은 반응 가스의 전달, 이온 전도, 전자 흐름, 물 관리를 담당하며 효율적인 전기화학 반응을 돕는다. (출처: Xi Yin, CC BY-SA 4.0)

으로 유사하다.

연료전지는 전해질의 종류와 작동 온도에 따라 크게 다섯 가지로 분류된다. 첫 번째는 고분자 전해질형 연료전지(PEMFC)[42], 두 번째는 인산형 연료전지(PAFC)[43], 세 번째는 용융탄산염형 연료전지

---

42) Polymer Electrolyte Membrane Fuel Cell
43) Phosphoric Acid Fuel Cell

(MCFC)[44], 네 번째는 고체산화물형 연료전지(SOFC)[45], 마지막으로 알칼라인 연료전지(AFC)[46]이다.

고분자 전해질형 연료전지는 기술적으로 성숙하여 다른 유형에 비해 가장 널리 활용되고 있다. 작동 온도가 비교적 낮은 60~80°C로 유지되어 빠른 시동과 효율적인 열 관리가 가능하다. PEMFC의 상용화를 가능하게 한 핵심 요소는 듀폰(DuPont)[47]에서 개발한 불소 기반 고분자인 나피온(Nafion) 전해질이다. 나피온은 물을 흡수해 설폰산기(-SO₃H)를 통해 수소 이온을 효과적으로 전달할 수 있어 PEMFC의 핵심 기술로 자리 잡았다. 이러한 특성 덕분에 PEMFC는 현대자동차의 넥쏘(Nexo)와 같은 상용 연료전지 자동차는 물론, 가정용 및 상업용 전력 공급 장치로도 점점 더 많이 사용되고 있다.

PEMFC 단위 전지의 출력 전압은 인가된 전류의 크기에 따라 대략 0.6~1.2V 범위에서 변한다. 이는 전류가 증가할수록 내부 저항에 의해 전압 강하가 발생하기 때문이다. 연료전지가 실용적인 전압을 얻기 위해서는 여러 개의 단위 전지를 직렬로 연결하여 스택(stack)을 구성해야 한다. 이러한 스택은 수십 개에서 수백 개의 단위 전지로 이루어져 있으며, 모든 전지가 균일하게 작동해야 스택

---

44) Molten Carbonate Fuel Cell
45) Solid Oxide Fuel Cell
46) Alkaline Fuel Cell
47) 듀폰(DuPont)은 1802년에 설립된 미국의 다국적 화학 기업으로, 첨단 소재와 화학 기술로 유명하다. 대표 상품으로는 강력한 섬유인 케블라(Kevlar), 방수·방오 소재 테프론(Teflon), 그리고 나일론(Nylon) 등이 있다. 이들은 방탄복, 주방용품, 산업 재료 등 다양한 분야에서 활용된다.

전체의 성능이 유지된다. 이를 위해 수소와 산소의 균일한 공급을 보장하는 정교한 반응물 분배 시스템이 필수적이다. 단위 전지 중 하나라도 문제가 발생하면 전체 스택의 성능이 저하될 수 있다.

연료전지는 스택을 중심으로 다양한 구성품들이 연결되어 있어 시스템이 다소 복잡하다. 예를 들어, 스택 외에도 수소와 공기를 공급하는 가스 처리 장치, 반응에서 생성된 물을 배출하는 시스템, 열을 관리하는 냉각 장치 등이 포함된다. 이들 구성 요소는 상호 유기적으로 작동해야 하며, 설계와 유지보수의 복잡성을 높이는 요인으로 작용한다. 따라서 연료전지 기술이 아무리 발전하더라도 배터리처럼 단순한 구조를 구현하기는 어렵다. 그러나 연료전지는 수소 충전 시간이 전기차 배터리 충전 시간보다 짧아 연속적인 전력 생산이 가능하다는 장점이 있다. 다만, 수소 충전소의 접근성이 제한적이어서 실제 활용에는 제약이 있다.

연료전지는 내연기관과 비교해서도 많은 장점을 가진다. 내연기관은 피스톤과 같은 동적 부품으로 인한 마찰 손실과 높은 작동 온도로 인한 열 손실이 크다. 반면, 연료전지는 전기화학 반응을 통해 전기를 직접 생산하므로 동적 요소가 없고 에너지 손실이 적다. 이러한 특성은 연료전지가 친환경적이고 효율적인 에너지 변환 장치로 주목받는 이유다.

미래 에너지가 마주한 현실: 연료전지의 한계

연료전지 기술에 대한 수요는 꾸준히 증가하고 있지만, 연료전지가 모든 면에서 내연기관보다 우수하다고 말하기는 어렵다. 연료전지의 확대 적용을 제한하는 대표적인 단점은 다음과 같다.

첫 번째는 출력 밀도이다. 에너지 변환장치에서는 변환 효율뿐 아니라 출력 밀도도 중요한 성능 요소로 꼽힌다. 즉, 에너지 변환장치가 주어진 부피와 무게에서 단위 시간당 얼마나 많은 에너지를 변환할 수 있는지가 성능을 평가하는 중요한 지표다. 현재 최고 수준의 연료전지는 약 1~4kW/L의 출력 특성을 가진다. 반면, 내연기관은 50~100kW/L의 출력 특성을 나타낸다. 이러한 출력 특성은 연료와 산소의 반응속도 차이 때문이다. 연료전지는 연료와 산소의 전기화학 반응을 이용하지만, 내연기관은 연소 반응을 이용한다. 계면에서 일어나는 전기화학 반응의 속도는 공간에서 이루어지는 연소 반응보다 느릴 수밖에 없다.

두 번째는 신뢰성이다. 가솔린이나 디젤을 사용하는 내연기관은 4~12개의 실린더로 구성되며, 각 실린더의 피스톤은 커넥팅 로드(connecting rod)를 통해 크랭크축(crank shaft)에 연결된다. 이는 각 실린더가 생성하는 동력이 병렬로 상호 연결되어 있음을 의미한다. 따라서 실린더 중 하나가 고장 나더라도 엔진 부조화와 동력 손실이 발생할 수 있지만, 나머지 실린더에서 생성된 동력으로 내연기관을 운전할 수 있다. 또한, 동력을 발생하는 실린더가 4~12개에 불과하므로 실린더가 고장 날 확률도 낮다. 이에 반해 연료전지는 음극, 전해질, 양극, 분리판으로 구성된 단위 전지 수백 개가 직렬로 연결되어 있다. 예를 들어, 현대자동차의 넥쏘는 총 440개의 단위 전지가 직렬로 연결되어 구성된다. 따라서 수백 개의 단위 전지가 균일하게 동력을 생산하도록 설계되고 정밀하게 제어되어야 하며, 단위 전지 중 하나라도 고장이 나면 연료전지 운전에 문제가 생기고 수리 과정도 복잡하다. 이러한 이유로 연료전지는 내연기관보다 신뢰성이 낮은 에너지 변환 장치로 평가된다. 세 번째로 연료이다. 내연기관은 연료 품질에 상대적으로 둔감하지만, 연료전지는 수소의 품질에 직접적인 영향을 받는다. 내연기관의 경우 연료품질이 에너지 변환 효율이나 출력 성능에 영향을 미칠 수는 있지

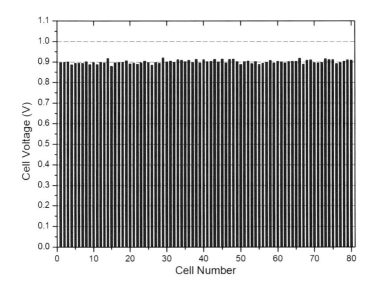

예를 들어, 20kW 연료전지 스택을 안정적으로 운전하기 위해서는 80개의 단위전지가 거의 유사한 성능을 보여야 한다. 그래서 80개의 단위전지의 전압을 실시간으로 모니터링하고 있다. 만약 단위전지 중 하나라도 이상이 발생하면 연료전지 스택은 운전을 멈추어야 한다.(본인이 작성, Public Domain으로 공개)

만, 즉각적인 작동 불능상태로 이어지지는 않는다. 반면, 연료전지는 수소의 품질이 낮으면 치명적인 손상을 입는다. 앞서 언급했듯이, PEMFC는 나피온 전해질 특성으로 인해 80℃ 이하에서 작동하며, 낮은 온도에서도 반응성을 확보하기 위해 귀금속 촉매인 백금을 사용한다. 그러나 백금 촉매는 10ppm[48] 이상의 일산화탄소에 노출되면 피독(poisoning) 현상이 발생해 촉매 활성도가 현저히 감소하며, 이는 연료전지 성능에 직접적인 영향을 미친다. 따라서 수소를 생산하는 모든 과정에서 수소 정제 공정이 필수적이며, 고순도 수소를 운반하고 저장하는 동안에도 연료가 오염되지 않도록 철저히 관리해야 한다.

친환경 전쟁의 승자는?: 연료전지와 배터리

내연기관 자동차가 기술적으로 뛰어나고 가격 경쟁력이 있다 해도, 환경 문제의 심각성으로 인해 자동차 기술의 진화는 불가피하다. 자동차 산업은 내연기관에서 하이브리드 자동차로, 하이브리드에서 전기자동차로, 그리고 현재는 연료전지 자동차로의 전환을 시도하는 과정으로 이어지고 있다. 내연기관 자동차는 미국과 독일의 제조업체들이 기술적 선두를 차지했고, 하이브리드 자동차는 일본 기업이 주도했다. 반면, 연료전지 자동차는 우리나라가 세계

---

48) PPM(parts per million)은 백만분율을 나타내는 농도 단위. 1ppm은 1백만 개 중 1개의 비율을 뜻한다.

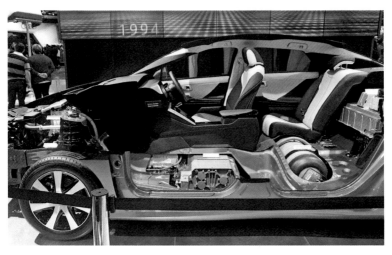

일본 도요타의 미라이(Mirai) 연료전지 자동차. 연료전지 스택(절개면 중앙)과 700bar 수소탱크(절개면 우측)를 볼 수 있다. (출처: Mariordo, CC BY-SA 4.0)

최초로 양산에 성공했을 만큼 세계적인 기술력을 자랑하고 있다. 하지만 연료전지 자동차는 전기자동차만큼 성공적으로 시장에 진입하지 못했다. 그 이유는 무엇일까?

전기자동차가 처음 시장에 등장했을 당시, 소비자들의 반응은 미온적이었다. 그러나 머스크(Elon Reeve Musk, 1971~현재)의 등장과 테슬라(Tesla)의 성공적인 창업은 많은 이들에게 놀라움으로 다가왔다. 초기 전기자동차는 긴 충전 시간과 짧은 주행 거리로 인해 시장 확산이 어려울 것으로 예상하였으나, 테슬라는 이러한 우려를 완전히 불식시켰다. 테슬라는 전기자동차의 효율성을 극대화하고, 충전 인프라를 전 세계적으로 확충하여 실용성을 증명했다. 충전 속도와 배터리 효율을 개선하고 슈퍼차저 네트워크(Supercharger Network)를 통해 긴 여정도 가능하게 하여 전기자동차의 대중화를 이끌었다. 그 결과 전기자동차는 대중적으로 받아들여질 가능성을 보여주었고, 결국 친환경 차량의 대표적인 형태로 자리 잡았다.

한편, 연료전지 자동차는 환경 문제 해결이라는 시대적 과제와 맞물려 정부의 강력한 지원 아래 시장 진입을 시도했지만, 기대에 미치지 못하는 성과를 거두었다. 연료전지 자동차의 어려움은 여러 요인이 복합적으로 작용한 결과이다. 첫 번째 문제는 충전 인프라의 부족이다. 수소 충전소 설치는 전기자동차 충전소보다 훨씬 어렵고 비용이 많이 든다. 전기자동차 충전소는 기존 전력 인프라를 이용해 상대적으로 쉽게 설치할 수 있지만, 수소 충전소는 고압의 수소를 안전하게 저장하고 공급하기 위한 설비가 필요해 설치비용과 안전 관리 측면에서 큰 도전 과제가 된다. 이로 인해 수소 충전소의 수는 제한적이고, 이는 연료전지 자동차의 이용 편의성을 크게 저하시킨다.

두 번째 문제는 높은 생산 비용이다. 연료전지 스택을 제조하기 위해서는 귀금속 촉매(주로 백금)가 필수적이다. 연구개발을 통해 귀금속 촉매 사용량을 줄이기 위한 노력이 지속되고 있지만, 촉매 자체의 높은 비용 때문에 연료전지 시스템의 제작 비용은 여전히 많이 든다. 이로 인해 연료전지 자동차의 가격 경쟁력이 떨어져 소비자들이 쉽게 선택하기 어려운 상황이다. 반면, 전기자동차는 배터리 가격이 지속적으로 하락하면서 생산 비용도 점점 낮아지고 있다. 배터리 기술의 발전과 생산 규모의 확대 덕분에 전기자동차의 가격은 점점 합리적인 수준으로 내려오고 있으며, 이는 대중화에 큰 도움이 되고 있다.

세 번째 문제는 에너지 효율성이다. 연료전지 자동차는 수소를 사용해 전기를 생산하고 그 전기로 모터를 구동하는 방식이다. 반면, 전기자동차는 배터리에 저장된 전기를 직접 사용해 모터를 구동한다. 연료전지 자동차는 수소의 생산, 저장, 수송, 그리고 전기 변환의 여러 단계를 거치기 때문에 에너지 효율에서 손실이 크다. 구체적으로, 수소를 생산하는 과정에서 에너지가 소모되며, 이를 압축하거나 액화해 저장하고 수송하는 과정에서도 추가적인 에너지가 필요하다. 이후 연료전지에서 전기로 변환하는 과정에서도 에너지 손실이 발생한다. 연료전지 자동차의 변환 효율 자체는 높을 수 있지만, 수소의 생산, 저장, 수송까지 모든 단계를 고려하면 전기자동차보다 에너지 효율이 낮다고 할 수 있다.

네 번째 문제는 안전성이다. 수소는 에너지 밀도가 높아 에너지원으로서 값어치가 높지만, 동시에 폭발 위험이 크다는 단점이 있다. 수소의 저장과 운송 과정에서 발생할 수 있는 안전 문제는 연료전지 자동차의 확산에 큰 걸림돌이 되고 있다. 수소는 가볍고 확산 속도가 빠르기 때문에 작은 누출도 큰 사고로 이어질 수 있다. 이에 따라 수소의 저장 및 취급에 대한 엄격한 안전 기준이 필요하며, 이는 추가적인 비용과 기술적 난이도를 증가시키는 요인이다. 반면, 전기자동차는 배터리를 사용하는데, 배터리 역시 화재 위험이 존재하지만, 수소의 폭발 위험과 비교하면 상대적으로 관리가 쉽다는 평가를 받고 있다.

다섯 번째 문제는 소비자 인식과 시장 수요이다. 전기자동차는 테슬라를 비롯한 여러 제조업체가 이미 소비자들에게 친숙한 브랜드로 자리 잡으면서, 친환경 차량의 상징으로 인식되고 있다. 반면 연료전지 자동차는 소비자들에게 아직 낯선 기술로, 이에 대한 인

살육의 과학

식이 충분히 형성되지 않은 상황이다. 테슬라는 전기자동차를 단순한 이동 수단이 아니라 혁신적인 기술 제품으로 소비자들에게 각인시키는 데 성공했으며, 이는 전기자동차가 대중의 관심과 사랑을 받는 중요한 요소로 작용했다. 반면, 연료전지 자동차는 이러한 마케팅과 브랜드 구축에 있어서 상대적으로 약점을 보였다.

이러한 단점에도 불구하고 연료전지 자동차가 유리한 분야가 존재한다. 연료전지 자동차는 트럭, 버스, 선박처럼 긴 거리를 이동하면서도 빠르게 연료를 보급해야 하는 상황에서 특히 강점을 가진다. 예를 들어, 현대자동차가 개발한 '엑시언트(XCIENT)' 트럭은 수소 연료를 이용해 최대 400km까지 주행할 수 있으며, 충전 시간이 8~20분 정도로 전기 충전보다 훨씬 짧다. 이러한 특성 덕분에 엑시언트 트럭은 고속도로 시작점과 끝점에 수소 충전소를 설치하여 반복적으로 왕복하는 운행에서 전기자동차보다 효율적이다. 또한, 일정한 속도로 장시간 주행해야 하는 고속도로 환경에서 연료전지는 꾸준하고 안정적인 에너지 공급이 가능해 전기자동차보다 유리하다. 스위스에서 운행 중인 엑시언트 수소 전기 트럭은 이미 1,000만 km 이상의 누적 주행 거리를 기록하며 약 6,300t의 이산화탄소 배출을 저감했다. 따라서 이러한 특성 덕분에 연료전지는 대형 차량에 전기자동차보다 더 잘 맞으며, 앞으로 기술 발전과 충전 인프라가 확충된다면 친환경 교통수단으로 중요한 역할을 할 수 있다.

국방의 경우, 민간만큼 활발하지는 않지만, 연료전지 자동차에 관한 연구가 일부 진행되고 있다. 특히 미국 GM(General Motors)와

미국 GM과 TARDEC이 공동 개발한 ZH2 군용 연료전지 차량은 수소를 이용해 전력을 생산하며, 저소음·저열 배출로 은밀한 작전이 가능하다. 이 차량은 다양한 지형에서 뛰어난 기동성과 장시간 운용 능력을 제공하며, 배출물이 물뿐이라 환경친화적이다. (출처: GM, CC BY-SA 4.0)

TARDEC[49])이 협력하여 개발한 ZH2가 대표적인 사례다. 이 차량은 GM의 상용 모델인 쉐보레 콜로라도를 기반으로 제작되었으며, 연료전지 시스템을 탑재해 전투 상황에서의 운용 가능성을 평가받았다. ZH2는 연료전지 기술을 통해 조용하고 열 방출이 적은 작전 수행 능력을 제공한다. 이는 적외선 및 음향 탐지가 중요한 현대 전장에서 큰 이점으로 작용한다. 또한, 연료전지는 배출가스가 거의 없기 때문에 장기적인 환경 규제에도 부합하며, 군사 작전에서 필요한 전력을 안정적으로 공급할 수 있다. 차량이 발전소 역할을 하여 병사들의 전자 장비를 충전하거나 야전 기지에 필요한 에너지

---

49) Tank Automotive Research, Development and Engineering Center

살육의 과학

를 제공하는 것도 가능하다.

미국이 연료전지 기반 전투 차량을 개발하려는 이유는 크게 세 가지로 요약된다. 첫째, 작전 효율성의 향상이다. 수소·연료전지는 전기모터를 사용해 내연기관보다 조용하며, 고도의 은밀성이 요구되는 정찰 및 특수 작전에서 강점을 가진다. 둘째, 다목적 에너지 플랫폼이다. 연료전지는 차량의 주행뿐 아니라 외부 전력 공급에도 활용할 수 있어 야전에서의 에너지 자급률을 높인다. 마지막으로, 에너지 안보 강화다. 기존 화석 연료에 의존하는 시스템을 줄임으로써 군의 에너지 공급 체계를 다각화하고 장기적으로 지속 가능한 방안을 모색하고자 한다.

이와 같은 기대되는 장점에도 불구하고, 미 국방부가 연료전지 기술을 본격적으로 채택하기에는 여전히 어려움이 많아 보인다. 정확히 말하면, 민간에서 연료전지 기술이 충분히 검증되고 널리 사용된 후에야 국방 분야에서도 이를 도입할 가능성이 크다. 전투는 생명을 담보로 한 상황에서 이루어지기 때문에, 신뢰성은 무엇보다 중요한 요소이다. 연료전지는 에너지 효율성과 친환경적인 장점에도 불구하고, 극한 환경에서의 안정성과 긴급 상황에서의 신속한 복구 능력 등 군사적 요구사항을 충족시키는 데 여전히 한계가 있다. 이러한 관점에서 볼 때, 연료전지는 여전히 극복해야 할 과제가 많다. 연료전지 자동차는 민간 분야에서는 상용화가 성공했다고 판단할 수 있지만, 국방 분야까지 대중화되기 위해서는 지금보다 더 높은 수준으로 기술이 성숙되어야 할 것이다.

수소·연료전지와 궁합 좋은 무기: 잠수함

그렇다면 수소·연료전지는 무기체계에서 사용하기 어려운 에너지원일까? 석유·내연기관에 비해 여러 단점이 있는 만큼 무기체계 분야에 적용하기가 쉽지 않은 것이 사실이다. 하지만 수소·연료전지는 에너지 변환 효율이 뛰어나고 작동 소음이 거의 없는 장점도 있어, 몇몇 단점만으로 무기체계에서 단순히 배제하기에는 아쉬운 기술이다. 이 기술의 특성을 잘 이해하고 적절히 활용한다면, 무기체계의 성능을 한층 더 향상시킬 수 있다.

수소·연료전지를 무기체계의 주 동력원으로 사용하기에는 출력밀도와 신뢰성에서 한계가 있다. 그럼에도 불구하고 민간 분야에서는 환경오염 문제를 해결할 수 있는 방안으로 주목받으며 지속적인 투자가 이루어지고 있다. 반면 군에서는 환경오염 문제보다 무기체계의 성능을 우선시한다. 군사 작전에서는 높은 출력과 신뢰성이 중요하기 때문에, 무기체계에 사용되는 동력 기관은 오염물질이 배출되더라도 강력한 출력과 어떠한 환경에서도 안정적으로 작동할 수 있는 신뢰성을 갖춰야 한다. 하지만 현재 수소·연료전지의 기술 수준으로는 이러한 군의 요구를 완벽히 충족시키기 어렵다.

이와 같은 이유로 수소·연료전지가 무기체계에 적용되어 실전 배치된 사례는 많지 않다. 그러나 잠수함은 수중이라는 특수한 환경 조건과 정치적 요인 등으로 인해 수소·연료전지를 적극적으로 활용하고 있다. 초기 잠수함, 특히 독일의 U-보트는 납축전지와 전기모터를 사용해 수중에서 은밀하게 작전을 수행할 수 있었다. 납축

214급 잠수함(장보고-2)은 수소 저장합금으로부터 수소를 공급받고, 액체 산소탱크에서 산소를 공급받아 연료전지 모듈을 통해 전력을 생산한다. 이 연료전지 기술은 장시간 수중 작전이 가능하게 해주는 핵심 요소다. (출처: Public Domain, Wikimedia Commons)

전지는 충전 상태에서 잠항 중 필요한 전력을 공급했지만, 주기적으로 수면 위로 떠 올라 디젤 엔진을 가동해 충전해야 한다는 단점이 있었다. 이 과정은 적에게 위치가 노출될 위험을 증가시키고, 잠수함의 작전 시간을 제한하는 주요 요인이 되었다.

잠수함이 잠항할 때는 오로지 납축전지에 저장된 전기에너지만으로 움직였기 때문에, 함장은 잠항 중 에너지 소모를 신중히 관리해야 했다. 납축전지의 특성상 잠수함이 느린 속도로 항해할 경우 최대 수일간 잠항이 가능했지만, 빠른 속도로 어뢰를 피하거나 적을 추격해야 할 때는 납축전지에 저장된 에너지의 절반 정도만 사용할 수 있어 몇 시간 내로 다시 부상해야 했다. 이러한 납축전지의 방전 특성은 푸커트(Peukert) 방정식으로 설명된다. 납축전지는 저출력으로 사용할 때와 고출력으로 사용할 때 유효 용량에 큰 차이가 있으며, 고출력일수록 용량 감소가 급격히 일어난다. 이로 인해 납축전지를 사용하는 재래식 잠수함은 적과의 충돌 상황에서 불리한 위치에 놓일 수밖에 없었다.

냉전 이후 여러 국가는 핵잠수함을 개발하면서 잠수함의 장시간 잠항 능력을 크게 향상시켰다. 핵잠수함은 원자로를 사용해 에너지를 생산함으로써 장기간 물속에 머무를 수 있었다. 참고로, 세계 최초의 핵잠수함인 노틸러스(Nautilus)호는 원자로 덕분에 수면에 올라오지 않고도 약 20일간 잠항할 수 있는 혁신적인 성능을 자랑했다. 이후 개발된 최신 핵잠수함은 더욱 발전된 기술로 수면 위로 올라오지 않고도 수개월 동안 잠항이 가능하며, 이로 인해 전략적 유연성과 생존 가능성이 대폭 강화되었다. 그러나 2차 세계대전에서 패전한 독일은 국제 협약으로 핵잠수함을 보유할 수 없었고, 이를 대체하기 위해 수소·연료전지 기술을 연구하고 도입했다.

수소·연료전지는 고효율 에너지 변환 장치로, 잠수함 출항 시 충전한 수소와 산소의 화학에너지를 최소한의 손실로 전기에너지로 변환할 수 있다. 또한, 에너지 변환 과정에서 소음이 거의 발생하지 않고, 부산물로 오직 물만 생성되기 때문에 외부로 배출해야 할 물질이 전혀 없다. 이러한 특성 덕분에 잠수함은 적의 탐지망을 효과적으로 회피하고 은밀성을 유지할 수 있다. 이는 납축전지의 한계를 보완하며, 잠수함의 에너지 운용에 중요한 역할을 한다. 일반적으로 재래식 잠수함에서는 납축전지가 주 동력원으로, 수소·연료전지는 보조 동력원으로 사용된다. 잠수함이 잠항 중 빠른 속도로 이동해야 할 경우에는 납축전지를 활용하고, 느린 속도로 항해할 때는 연료전지를 사용한다. 연료전지는 최대 효율 구간에서 전기를 생산하도록 설계되었으며, 생산된 전기 중 남는 부분은 납축전지에 저장된다. 이러한 하이브리드 전원 시스템과 효율적인 운전 방식 덕분에 잠수함의 잠항 시간은 최대 2~3주까지 연장될 수 있다. 이 때문에 한국, 독일, 스페인 등 핵을 보유할 수 없는 국가들은 수소·연료전지를 탑재한 잠수함을 실전 배치해 운용하고 있다.

현재 수소·연료전지가 활발히 적용된 무기체계는 잠수함이 거의 유일하다. 그러나 우리 사회는 석유에서 수소로의 에너지 패러다임 전환을 시도하고 있으며, 이러한 변화는 군사 분야에도 큰 영향을 미칠 수밖에 없다. 민간에서 에너지 전환이 빠르게 진행됨에 따라 국방 무기체계도 이에 발맞춰 변화해야 한다. 무기체계는 긴 수명 주기와 가혹한 환경에서의 운용을 요구하기 때문에 수소·연료전지 적용에는 어려움이 있지만, 민간의 에너지 패러다임 변화를 외면한 채 독자적으로 나아갈 수는 없다. 따라서 국방 분야에서도 지속 가능한 에너지로의 전환은 불가피한 과제다. 이러한 기술적 도전은 단순히 에너지원을 바꾸는 차원을 넘어, 군사적 자립성과 지속 가능성을 동시에 추구하는 중요한 과제로 자리 잡는다. 수소는 단순히 환경 보호를 위한 에너지원 이상의 가치를 지니며, 새로운 에너지 패러다임으로서 우리의 삶과 국가안보에 중대한 역할을 할 잠재력을 가지고 있다. 앞으로 수소·연료전지가 국방 무기체계에 적용되어 석유와 내연기관이 그랬던 것처럼 전투의 양상을 변화시킬 수 있을지에 대한 심도 있는 분석과 논의가 지속적으로 이루어져야 한다.

에너지, 무기, 그리고 사람

에너지는 고정된 형태가 없어 눈으로 보기 힘들고 저울이나 줄자로 정확하게 측정하기도 어렵다. 예를 들어, 전기에너지는 전선 속에서 흐르지만 직접적으로 보거나 만질 수 없으며, 열에너지는 물체를 데우지만, 그 자체를 눈으로 확인할 수 없다. 그러나 에너지는 역사적으로 인간 삶의 가장 중요한 요소로 작용해 왔으며, 현대 사회를 이끄는 원동력이 되고 있다. 에너지는 단순히 연료나 동력의 개념을 넘어, 국가안보의 핵심적인 요소로 인식되고 있다.

나는 에너지가 가지는 넓은 스펙트럼 중에서 무기와의 관계에 집중하였다. 이는 무기가 에너지를 활용하여 성능과 효과를 극대화하는 도구라는 점에서 에너지와의 밀접한 연관성을 보여주기 때문이다. 특히 현대의 무기체계는 에너지 효율성과 기술 발전에 따라 그 형태와 기능이 지속적으로 변화하고 있으며, 이를 이해하는 것이 국가안보와 직결된 중요한 과제라고 판단했다. 이 책을 통해 에너지가 무기체계의 성능과 설계에 어떤 영향을 미쳤는지 설명하고, 이를 바탕으로 독자들이 국방 과학기술에 관심을 가지게 만들고 싶었다.

나의 작은 소망은 국가안보에 대한 걱정에서 시작되었다. 역사적으로 우리나라는 외세로부터 수많은 침략을 받아왔다. 우리나라 주변의 지정학적 환경이 변하지 않는 한, 전쟁 발생에 대한 걱정은 앞으로도 계속될 것이다. 이러한 우려 속에서 우리는 국방력을 강화하여 위협을 예방하고 국가안보를 유지할 방법을 모색해야 한다. 비록 주변국에 비해 국토 면적이 작고 인구도 적지만, 그 틈새에서도 살아갈 방법은 있다고 생각했다. 나는 그 방법의 중심에 무기, 에너지, 사람이 있다고 확신했다.

미래의 전쟁에 대비하기 위해서는 평시에 에너지를 효율적으로 축적해 놓아야 한다. 물론 석유, 석탄, 천연가스와 같은 연료를 비축해 놓는 것도 중요한 방법이다. 하지만 평시에 국가 에너지를 조금씩 활용하여 무기를 개발하고, 이를 비축해 두는 것이 가장 효과적인 방안이다. 그렇게 하려면 무기를 연구하고 개발하는 전문적인 기관과 사람이 필요하다. 현재 내가 근무하고 있는 국방과학연구소가 바로 그러한 역할을 담당하고 있다.

국방과학연구소는 단순히 국방 과학기술을 연구개발하는 장소가 아니라, 국가안보를 위해 지난 55년간 대한민국의 에너지를 축적해 온 공간이다. 선배 연구자들은 적보다 출력이 높은 에너지를 연구해왔고, 적보다 더 효율적인 살육 도구를 개발해 왔다. 그 결과 대한민국은 세계가 인정하는 강력한 방위력을 갖추게 되었다. 나아가 이제는 우리가 개발한 무기체계를 전 세계로 수출하며 기술적 우위를 선보이고 있다. 이러한 성과는 국방과학연구소의 존재 이유를 잘 보여준다.

그러나 놀라운 성과에도 불구하고, 국방과학연구소는 지속적으로 변화해야 하는 도전에 직면하고 있다. 과거에는 국가의 자원과 역량을 국방과학연구소에 집중시키는 방식으로 빠르고 효율적인 무기체계 연구개발을 이루어냈다. 그 덕분에 국가 에너지가 무기 형태로 전환되어 효과적으로 축적될 수 있었다. 이러한 과정의 중심에는 사람이 있었다. 전투에서 지휘관이 에너지의 집중과 분배를 결정하는 중요한 임무를 수행하였듯, 국방과학연구소에서는 연구자가 무기체계 개발 과정에서 에너지의 흐름을 설계하고 조율한다. 전시에는 지휘관이 에너지의 지휘자라면, 평시에는 연구자가 에너지의 지휘자로서 역할을 수행하는 셈이다. 과거에는 대통령의 관심 아래 우리나라의 인재들이 열정과 애국심을 바탕으로 국방과학연구소로 몰려들었지만, 지금은 그렇지 않다. 시대는 변했다. 인재들은 이제 더 나은 근무 환경과 보상을 제공하는 대기업을 선호하고 있다. 과학기술의 발전 속도가 점점 빨라지는 현대 사회에서는 단순한 애국심만으로는 인재를 유치하기 어렵다. 젊은 인재들이 국방과학연구소에서 얻을 수 있는 가치를 인식하게 하고, 참여하도록 유도하는 새로운 방식이 필요하다.

이 책을 집필한 이유는 단순히 개인적인 경험을 공유하거나 경제적인 이익을 추구하기 위한 것이 아니다. 국방과학연구소에서 얻을 수 있는 독특한 가치를 알리고, 이를 통해 더 많은 인재가 우리 연구소가 하는 일에 대해 관심을 가지게 하려는 것이다. 국방과학연구소는 다양한 학문이 융합되는 환경에서 과학기술을 폭넓게 이해할 기회를 제공한다. 나 역시 이러한 환경 덕분에 에너지와 무기를 바라보는 새로운 통찰력을 얻게 되었다. 특히, 이곳에서 개발된 과학기술이 실제 무기로 구현되어 국가안보에 직접적으로 기여하는 과정을 목격할 때 느끼는 성취감은 그 무엇과도 비교할 수 없는 특별한 경험이다. 이러한 점에서 국방과학연구소는 단순히 연구개발을 수행하는 공간을 넘어, 국가의 자유와 평화를 지키는 데 필수적인 기술을 창출하는 핵심적인 기관임을 실감하게 된다. 나는 국방과학연구소의 일원으로 젊은 독자들이 이 책을 읽고 에너지와 무기의 관계에 흥미를 느껴 미래의 무기 개발자가 되어 국가안보를 위한 혁신에 동참하기를 희망한다.

마지막으로, 이 책이 세상에 나올 수 있도록 도움을 준 모든 분에게 깊은 감사의 마음을 전한다. 나의 가족과 국방과학연구소 동료들, 그리고 함께 고민하며 길을 찾아준 모든 이들의 지원 없이는 이 책이 완성될 수 없었다. 그들의 헌신과 노력은 이 책의 밑바탕이 되었고, 대한민국의 국방 과학기술 발전에 기여할 수 있는 작은 발판을 마련해 주었다. 이 책이 단순한 정보 전달에 그치지 않고, 독자들에게 깊은 영감을 줄 수 있기를 바란다. 특히 에너지와 무기의 관계가 미래 국가안보의 핵심이라는 점을 강조하며, 이를 통해 독자들이 새로운 통찰을 얻기를 희망한다.

지현진, "웨폰사이언스", 북랩, 2018.

지현진, "수소·연료전지의 무기체계 확대 적용을 위한 제언", 국방과 기술 제515호, 2022.

지현진, 조해진, 서강일, 김세훈, "[국방논단] 한국형 소대급 소형 드론 개발 및 획득 방안", 국방과 기술 제541호, 2024.

스티븐 핑커, "우리 본성의 선한 천사", 사이언스북스, 2014.

Pasquale Corbo, Fortunato Migliardini, Ottorino Veneri, "Experimental analysis and management issues of a hydrogen fuel cell system for stationary and mobile application", Energy Conversion and Management, Volume 48, Issue 8, August 2007, Pages 2365-2374.

M. Mirazón Lahr et al., "Inter-group violence among early Holocene hunter-gatherers of West Turkana, Kenya", Nature, 2016.

재레드 다이아몬드, "총 균 쇠", 김영사, 2023.

메리 로치, "전쟁에서 살아남기", 열린책들, 2017.

배리 파커, "전쟁의 물리학", 북로드, 2015.

그레천 바크, "그리드", 동아시아, 2021.

캐시 오닐, "대량살상 수학무기", 흐름출판, 2017.

나카무라 간지, "비행기 엔진 교과서", 보누스, 2017.

나카무라 간지, "비행기 구조 교과서", 보누스, 2017.

리처드 A. 뮬러, "대통령을 위한 물리학", 살림출판사, 2011.

민태기, "[민태기의 사이언스토리] 알파고가 쓴 에너지, 이세돌의 8500배⋯
미래 산업, 에너지 혁신에 달렸다", 조선일보, 2021.

살육의 과학